配置高强钢筋混凝土结构受力性能试验研究及评定方法

周建民　陈　硕　著

国家"十二五"科技支撑计划项目子课题(2012BAJ06B01-01)资助

科 学 出 版 社

北　京

内 容 简 介

本书对配置高强钢筋混凝土结构进行了较为系统的研究和总结。主要内容包括：配置高强钢筋混凝土板的试验研究和分析；配置高强钢筋混凝土梁的抗弯性能试验研究和分析；配置高强箍筋混凝土梁的抗剪性能试验研究和分析；配置高强钢筋预应力混凝土梁的抗弯性能试验研究和分析；配置高强钢筋预应力混凝土梁的抗震性能试验研究与分析；配置高强钢筋混凝土剪力墙的受力性能试验研究和分析；配置高强钢筋混凝土结构使用性能的评定方法。书中不但给出了各类构件试验方法和详尽的试验研究结果，而且还提出了便于工程应用的配置高强钢筋混凝土结构使用性能评定方法。

本书主要供结构工程领域的研究人员，土木工程设计、施工和监理人员阅读和参考，同时也可作为高等院校相关专业研究生和本科生的参考教材。

图书在版编目(CIP)数据

配置高强钢筋混凝土结构受力性能试验研究及评定方法/周建民,陈硕著.—北京:科学出版社,2014
　ISBN 978-7-03-042088-6

　Ⅰ.①配…　Ⅱ.①周…②陈…　Ⅲ.①钢筋混凝土结构-受力性能-研究　Ⅳ.①TU375.02

中国版本图书馆 CIP 数据核字(2014)第 230146 号

责任编辑:周　炜 / 责任校对:桂伟利
责任印制:张　倩 / 封面设计:陈　敬

科 学 出 版 社 出版
北京东黄城根北街 16 号
邮政编码:100717
http://www.sciencep.com

中国科学院印刷厂 印刷
科学出版社发行　各地新华书店经销
*
2015 年 1 月第 一 版　　开本:720×1000 1/16
2015 年 1 月第一次印刷　　印张:13 3/4
字数:263 000
定价:88.00 元
(如有印装质量问题,我社负责调换)

前　言

在"十二五"提倡节能降耗和转型发展的大背景下,大力推广绿色建筑已成为我国建筑业发展的一个必然趋势。为此,科技部已启动"既有建筑绿色化改造关键技术研究与示范"项目,作者有幸参与部分相关课题的研究工作。

作为"绿色建筑",无疑首先应该是"节材建筑"。节约材料不仅会带来经济效益,而且能降低相关产业的能耗并减少环境污染。因此,"节材"是绿色建筑评价体系中一项极为重要的指标。对于钢筋混凝土结构而言,选用钢筋的强度级别高低对材料节省有很大影响。

然而,长期以来,我国混凝土结构用钢筋强度一直落后于欧美发达国家一至两个等级,并曾一度造成建筑结构领域钢材消耗量大、产能低效的局面。为了扭转这一形势,原国家冶金部指示有关科研生产单位对高强钢材进行工艺革新并批量生产,实现了技术先进、经济合理、安全适用。《混凝土结构设计规范》(GB 50010—2010)已将 500MPa 级钢筋纳入受力纵筋、箍筋及构造钢筋范畴,由此标志着我国建筑行业正式跨入全面推广和应用高强钢筋的新时代。

如何较为准确地认识配置高强钢筋混凝土构件的受力性能,进而提出合理的评价方法是一个具有重大意义的研究课题。在这一课题中,有几个重要问题需要解决:首先,现在对配置高强钢筋混凝土构件受力性能的试验研究覆盖面不够。《混凝土结构设计规范》(GB 50010—2010)修订之初,有关科研单位对配置400MPa、500MPa 级钢筋的混凝土构件也进行过一些试验研究工作,但试验数量十分有限,并且主要集中在普通钢筋混凝土梁的静载性能试验上,采用的钢筋强度主要为 400MPa 级。对于配置 500MPa 级普通钢筋的预应力混凝土构件抗震性能,以及以 500MPa 级钢筋作为受力分布筋的混凝土剪力墙的受力性能等试验研究工作基本空白。其次,采用高强钢筋虽然提高了混凝土构件的承载能力,但是在正常使用极限状态下当受拉钢筋的应力提高以后,构件的裂缝宽度和挠度等性能是否仍能满足规范规定的限值要求,也一直是工程设计人员在选用高强钢筋时所担忧的问题。此外,现有规范公式大多基于以往配置低强度等级钢筋的混凝土构件试验数据,对于高强度等级的钢筋是否适用需要进一步的试验研究加以验证。为了解决上述问题,近年来同济大学在国家科技支撑计划项目的资助下,系统、全面地对配置高强钢筋混凝土结构的受力性能及其评定方法开展了研究,负责完成了包括混凝土板的受弯性能、混凝土梁的受弯和受剪性能、预应力混凝土梁的受弯性能(静力)和抗震性能,以及剪力墙的受力性能等一系列试验。

本书对上述试验研究成果进行了系统性介绍,同时对由第一作者在 20 世纪 90 年代初提出的裂缝和刚度统一计算模式理论在高强钢筋混凝土构件中的应用也进行了拓展,提出了形式上更简单、工程实用性更强的裂缝宽度和刚度计算公式,以及用于变形控制的跨高比方法。这些研究成果无论对今后的规范修订,还是对这方面感兴趣的研究人员、高等院校师生及工程设计人员都会有极大的参考价值。

本书主要结合作者近年来指导的研究生工作进行撰写,具体包括:配置高强钢筋混凝土板的试验研究和分析(高鹰);配置高强钢筋混凝土梁的抗弯性能试验研究和分析(陈飞、谭赟);配置高强箍筋混凝土梁的抗剪性能试验研究和分析(王眺);配置高强钢筋预应力混凝土梁的抗弯性能试验研究和分析(董理);配置高强钢筋预应力混凝土梁的抗震性能试验研究与分析(张帆);配置高强钢筋混凝土剪力墙的受力性能试验研究和分析(陈硕);配置高强钢筋混凝土结构使用性能的评定方法(陈硕、王眺和秦鹏飞)。课题组能取得较为理想的研究成果与研究生勤奋和高效的工作是分不开的,在此向他们表示衷心的感谢。

受国家"十二五"科技支撑计划项目子课题(2012BAJ06B01-01)资助,作者对上述研究成果进行了认真整理、分析和总结,从而形成本书。在撰写过程中,课题总负责人、中国建筑科学研究院院长王俊研究员给予了很大的支持和鼓励,中国建筑科学研究院王清勤研究员、王晓锋副研究员,同济大学苏小卒教授、熊学玉教授和赵勇副教授等都给予了热情的帮助;另外,研究生陈阳、蒲师钰、司远和于洪波等协助完成了相关插图及文字的编辑和整理工作。在此,对他们一并表示感谢。

限于作者水平,书中难免存在疏漏和不妥之处,敬请读者批评指正!

目　　录

第1章 绪 论

1.1 绿色建筑与结构选材

在"十二五"提倡节能降耗和转型发展的背景下,大力发展绿色建筑成为节约资源、推动社会可持续发展的一项重要举措。对既有建筑的绿色化改造不仅可以改善居住和办公环境,还可以减少建筑能耗,因而是发展绿色建筑的重要组成部分。何谓绿色建筑? 按我国目前采用的《绿色建筑评价标准》(GB/T 50378—2006)中的定义,绿色建筑是指在建筑的全寿命周期内,最大限度地节约资源(节能、节地、节水、节材)、保护环境并减少污染,为人们提供健康、适用和高效的使用空间,并与自然和谐共生的建筑。

依据上述定义,该标准将绿色建筑的评价指标分为六大类:

(1) 节地与室外环境。

(2) 节能与能源利用。

(3) 节水与水资源利用。

(4) 节材与材料资源利用。

(5) 室内环境质量。

(6) 运营管理。

根据待评价建筑的类型,该标准又分为住宅建筑与公共建筑两部分内容。其中,住宅建筑包括新建、扩建与改建的住宅类建筑;公共建筑则主要包括办公建筑、商场和宾馆等。两类建筑的绿色等级分别按表 1.1 和表 1.2 确定。

表 1.1 划分绿色建筑等级的项数要求(住宅建筑)

等级	一般项数(共 40 项)						优选项数 (共 9 项)
	节地与室 外环境 (共 8 项)	节能与能 源利用 (共 6 项)	节水与水 资源利用 (共 6 项)	节材与材料 资源利用 (共 7 项)	室内环境 质量 (共 6 项)	运营管理 (共 7 项)	
★	4	2	3	3	2	4	—
★★	5	3	4	4	3	5	3
★★★	6	4	5	5	4	6	5

表 1.2　划分绿色建筑等级的项数要求(公共建筑)

等级	一般项数(共 43 项)						优选项数(共 14 项)
	节地与室外环境(共 6 项)	节能与能源利用(共 10 项)	节水与水资源利用(共 6 项)	节材与材料资源利用(共 8 项)	室内环境质量(共 6 项)	运营管理(共 7 项)	
★	3	4	3	5	3	4	—
★★	4	6	4	6	4	5	6
★★★	5	8	5	7	5	6	10

从表 1.1、表 1.2 中不难发现,节约材料是一个非常重要的评价指标。实际上,节约材料也必然节约了能源,减少了环境污染。因此,在建筑工程中推广和利用高强、高性能的建筑材料具有十分重要的现实意义。可以认为,绿色建筑首先应该是一个节材的建筑[1]。

在我国工程建设中,混凝土结构在各类工程结构中占据着主导地位。一般来说,在同等结构体系中,钢筋和混凝土的强度等级越高,则结构尺寸和体积就会相对减小,材料用量随之减少,因此,发达国家将高强度钢筋和高强度混凝土的应用研究作为一项基础课题摆在发展的战略位置。目前,世界各国的建筑向密集型、空间型发展,为提高大型建筑物的安全性,国外建筑行业已普遍倾向于采用焊接性能好、强度较高的钢筋,一些具有优秀性能的、高强度的钢筋混凝土结构已经用于海洋工程、超高层建筑和大型公共建筑[2]。

1.2　高强钢筋的应用状况及面临的主要问题

1.2.1　国内高强钢筋应用现状

我国混凝土结构用钢筋经历了由低强度(240MPa)向高强度发展的过程。2010 年以前,国内工程中普遍使用的纵向受力钢筋为 HRB335 级,辅助钢筋大多为强度更低的 HPB235 级,混凝土则以 C20~C40 为主。而国际上,欧美等工业化国家对混凝土结构中钢筋性能的要求较高,多采用 400MPa、500MPa 级高强可焊钢筋(其中,400~600MPa 级钢筋达到钢筋总用量的 95% 以上),已经很少采用低强度的钢筋,并在研究、开发和使用高强钢筋方面做了很多工作,加速了高强钢筋的推广和使用。例如,美国 1996 年《钢筋混凝土用变形和光圆碳素钢筋标准》(ASTM A615—1996)增加了强度为 520MPa 的钢筋,俄罗斯 1993 年《钢筋和混凝土标准》(CHHΠ 2.03.01—84)增加了强度为 500MPa、600MPa 的钢筋;在混凝土规范方面,《美国混凝土结构设计规范》(ACI 318—08)允许普通纵向受力钢筋的最高屈服强度为 550MPa,《欧洲规范 2:混凝土结构设计 第 1-1 部分:一般规程与建筑设计规程》(EN 1992-1-1:2004)则允许普通纵向受力钢筋的最高屈服强度为600MPa。同发达国家相比,我国建设行业所用钢筋和混凝土强度普遍低1~2个等级,高强钢筋和高性能混凝土的用量在建设行业钢筋和混凝土总体用量中所占的比例较低。据2005年的统计,每年HRB400级钢筋用量不到钢筋总用量的10%,高性能混凝土累计使用量不到1500万 m^3(不足混凝土年消耗量的1%),而且其使用范围也局限于大跨和超高层建筑。

500MPa级钢筋是我国冶金行业新研制开发的高强钢筋,包括添加钒、钛等低合金元素轧制的HRB500级钢筋和应用控温技术轧制的细晶粒HRBF500级钢筋。虽然早在1998年,我国已将HRB500级钢筋纳入规范《钢筋混凝土用热轧带肋钢筋》(GB 1499—1998)中,但由于缺乏相应钢筋混凝土构件的试验资料而未将其列入《混凝土结构设计规范》(GB 50010—2002)。2007年,我国新颁布的标准《钢筋混凝土用钢 第2部分:热轧带肋钢筋》(GB 1499.2—2007)增加了细晶粒HRBF500级钢筋,随后,2010年《混凝土结构设计规范》(GB 50010—2010)在修订时将HRB500和HRBF500级钢筋同时列入规范,正式开始在建筑行业推广应用。

近年来,500MPa级钢筋已在首钢、宝钢及承德钢铁集团等多家钢厂批量生产,其各项性能指标均达到国家有关标准规定,并达到《欧洲混凝土协会-国际预应力协会 混凝土结构设计标准规范》(CEB-FIP MC90)规定的S级(优级)延性钢筋的指标和《试行欧洲规范8 结构抗震设计规定》(ENV-8)对于抗震结构"H"类高延性钢筋的基本要求。所以,大力推广应用500MPa级钢筋是当前我国建筑用钢生产技术进步的需要,对于改善混凝土结构的性能,提高建筑工程质量,推动建筑材料的科技进步并扭转我国建筑用钢材落后的局面,具有十分重要的意义[3]。

1.2.2 高强钢筋在实际工程中面临的主要问题

住房与城乡建设部的王铁宏总工程师认为,高强材料在建设行业未能得到普及,其原因主要在于技术和推广措施两个层面。就技术层面而言,虽然材料的强度有所提高,但材料其他性能劣化的问题没得到很好解决,应该通过技术创新来解决材料本身的技术问题和其他配套技术问题。从推广层面看,我国对相关标准的研究、制定投入不足,不能满足发展的需要,而且我国设计、施工单位对标准规范的执行力度也不够。

配有高强钢筋的混凝土梁和板,较之配置普通钢筋的混凝土梁、板类构件而言,承载力得以提高,或者说,在受弯承载力相同的情况下,钢筋用量明显减少。但随之而来的是正常使用状态下钢筋应力提高,构件刚度减小,裂缝宽度增大。

混凝土作为常用建筑材料,主要缺点之一是抗拉强度低。混凝土构件在应用时,例如,用作受拉或受弯构件时,受拉区混凝土受到很小的拉应力作用就会开裂,从而导致裂缝宽度超过容许值或者刚度不达标。在很多情况下,混凝土构件的截面尺寸是由抗裂要求、裂缝宽度限制或刚度要求决定的。

为了避免钢筋混凝土结构的裂缝过早出现,并充分利用高强材料,人们在长期的生产实践中创造了预应力混凝土结构。所谓预应力混凝土结构,是在结构构件受外荷载作用前,人为地对它施加压力,由此产生的预应力状态用以减小或抵消外荷载所引起的拉应力,即借助于混凝土较高的抗压强度来弥补其抗拉强度的不足,达到延缓受拉区混凝土开裂的目的。由于刚度和抗裂性能的改善,预应力混凝土结构对高强钢筋强度的利用,优于普通混凝土结构[3]。

然而,在用于抗震结构方面,预应力混凝土结构过去的发展可以说是非常艰难的。最初,设计人员对在地震区采用这种结构持谨慎和回避的态度,不少规范也限制甚至禁止在地震区使用预应力混凝土结构。这种做法主要出于两点考虑:一是预应力混凝土结构阻尼小、耗能差,地震反应大;二是预应力混凝土结构采用的高强钢筋塑性低,导致结构的延性较差。然而,20 世纪 60 年代以来,预应力混凝土结构经受住了地震的考验,例如,1963 年的南斯拉夫斯科普里城地震,1964 年的日本新泻地震、美国的阿拉斯加地震,1968 年的日本北海道十胜冲地震,1971 年的美国洛杉矶市圣费尔南多地震,1978 年日本的宫城大地震,1985 年墨西哥大地震,1989 年美国旧金山地震等。震害调查发现,预应力混凝土结构的破坏并不比普通混凝土结构严重,而且其破坏很少是由预应力直接引起的,结构的实际抗震性能比人们原先认为的要好许多。人们通过对这些事实进行反思,认为进一步深入研究预应力混凝土结构的抗震性能是十分必要的。因此,从 60 年代以来,新西兰、日本、美国、意大利和中国等相继开展了预应力混凝土结构抗震性能的理论分析和试验研究工作,对于一些长期争论的问题也有了一些比较清晰的认识,即只要设计得当,重视概念设计,采用预应力筋和普通钢筋混合配筋的方式,并辅以合理的构造措施,预应力混凝土结构仍可获得较好的抗震性能[4]。

在抗剪方面,混凝土梁中的箍筋强度有逐渐提高的趋势,但对于配置高强箍筋的混凝土梁,设计人员出于对高强钢筋是否能充分发挥作用的担心而持谨慎态度。以《混凝土结构设计规范》(GB 50010—2010)为例,受剪钢筋屈服强度不得超过 360MPa 的规定对于 500MPa 级以上的钢筋似乎过分苛刻,出于经济性的考虑,设计人员很可能在选用箍筋时,将 HRB500 和 HRBF500 级钢筋排除在外。最后,在高层建筑结构中,出于减轻结构自重、满足建筑净高的需要,以及为了提高结构在风和地震荷载作用下的抗侧刚度,工程师往往选用剪力墙结构或框架-剪力墙结构体系,在竖向承重构件中采用强度不低于 HRB400 级的钢筋,并配合以 C40 以上的混凝土。在设计工况下,剪力墙(尤其是建筑底层)常常会处于高轴压比的应力状态。对于这类混凝土构件,其受力性能的试验研究仍是不充分的。

1.3 本书研究的主要内容

本书主要研究内容包括以下几个方面：

（1）混凝土梁和板均属于典型的受弯构件，历来各国规范对于正常使用阶段该类构件的裂缝宽度和刚度验算均有明确规定。由于钢筋应力水平的增长，出于对随之而来的裂缝宽度和挠度超限问题的担心，工程人员对使用高强钢筋有所顾虑，这不利于高强材料的推广应用，有悖于节能和环保的时代理念。本书第 2 章～第 4 章从试验的角度对这一问题进行了探讨，具体包括：对配置 500MPa 级钢筋的 12 块混凝土板和 26 根梁进行试验，研究试件的受力性能（以抗弯性能为主，部分试验研究抗剪性能），并着重对试件的承载能力、刚度、裂缝宽度和破坏形态等进行分析。

（2）预应力技术在混凝土结构中的应用越来越广泛，而将高强钢筋用于预应力混凝土梁中，将很有可能解决普通混凝土梁由于钢筋应力水平较高所引起的裂缝宽度超限的问题；同时，由于预加的偏心轴向力作用，该类构件在地震作用下的受力性能有待进一步试验验证。为此，本书第 5 章和第 6 章对 28 根预应力混凝土梁的单调和拟静力加载试验（其中，单调加载试件 18 根，低周反复加载试件 10 根）进行了介绍，深入研究该类构件的受力和破坏机理、纵筋应力变化及刚度退化、位移延性和耗能等抗震性能；最后，在平截面假定的基础上，分别利用力学基本方程和条带法编程，对试件的承载能力进行了计算对比和分析。

（3）对于剪力墙和柱等竖向承重构件，工程人员历来采用基于弹性刚度概念的分析方法。在实际工程中竖向承重构件由于高应力比会发生提前进入弹塑性阶段（虽然此时混凝土可能尚未开裂）的现象。未考虑由于弹塑性状态不同引起的内力重分配，对于结构的安全性是不利的[5]，尤其对于结构底层处于高轴压比区的剪力墙和柱（由于长高比较大而形成"短肢剪力墙"的现象在建筑结构底层、核工业建筑及剪力墙开洞的住宅中较为常见），其处于弹塑性阶段的刚度同样有待进一步试验分析。本书第 7 章对 8 片混凝土剪力墙的单调和拟静力加载试验进行介绍，研究 500MPa 级钢筋配置后对于竖向承重构件受力性能的影响，对《混凝土结构设计规范》(GB 50010—2010)抗剪承载力相关公式加以验证，并对试件的刚度退化规律、位移延性、变形和破坏机理等进行介绍。

（4）我国《混凝土结构设计规范》(GB 50010—2010)对于混凝土梁与预应力混凝土梁的刚度采用两种不同的计算模式。然而，作为受弯构件本身，预应力相当于一种等效的外荷载作用，故不论有无预应力，混凝土梁的裂缝开展与变形机理应当是一致的。出于这方面的考虑，本书第 8 章对混凝土受弯构件的开裂现象和变形机理进行了较为深入的研究，在模拟裂缝间钢筋应变分布的基础上，作者系统地提出了滑移、裂缝和刚度相统一的理论,并利用相关试验数据对公式的可靠性进行验证。

(5)工程实践中,在保证结构安全性的基础上,常常会有经济性和简洁性的考量。为了便于工程应用,本书第8章在作者提出的裂缝和刚度统一理论基础上,对相关公式和参数进行进一步的补充分析,提出了针对混凝土受弯构件裂缝和抗弯刚度计算的形式更为简单且精度良好的简化公式,并结合近年来的相关试验成果加以验证。最后,本书给出了用于变形控制的跨高比方法,并将主要成果列成表以方便设计人员查阅。

参 考 文 献

[1] 周建民,于洪波,陈阳,等. 既有建筑绿色化改造特点方法与实例[J]. 建设科技,2013,(13):34-37.

[2] 王眺. 配置500MPa箍筋的混凝土梁抗剪性能研究[D].上海:同济大学硕士学位论文,2012:1-8.

[3] 董理. 配置高强钢筋的预应力混凝土梁抗弯刚度的研究[D].上海:同济大学硕士学位论文,2011:1-9.

[4] 张帆. 配置500MPa钢筋后张有粘结预应力混凝土梁抗震性能试验研究及分析[D].上海:同济大学硕士学位论文,2012:1-12.

[5] 李松. 混凝土规范二阶效应条文修订的讨论及剪力墙刚度折减系数验证[D].重庆:重庆大学硕士学位论文,2010:69-108.

第2章 配置高强钢筋混凝土板的试验研究和分析

冷轧带肋钢筋是一种主要用于板类构件的高强钢筋,在使用过程中其裂缝、变形等性能控制十分重要。原行业标准《冷轧带肋钢筋混凝土结构技术规程》(JGJ 95—2003)[1]制订时由于缺乏足够的试验研究,其作出的相关规定是否合理和可靠,这是工程界所关注的重要问题。根据住房和城乡建设部建标[2009]88号文关于印发《2009年工程建设标准规范制订、修订计划》的通知,由中国建筑科学研究院牵头成立了行业标准《冷轧带肋钢筋混凝土结构技术规程》(JGJ 95—2003)修订组。按修订组要求,同济大学于2009年10月对12块配置CRB550级冷轧带肋钢筋的混凝土板进行了试验,并重点对试件的正截面抗弯承载力、抗弯刚度及裂缝宽度等进行了研究。

2.1 方 案 介 绍

2.1.1 试件设计

共设计12个试件,主要研究参数为混凝土强度等级、纵向受力钢筋配筋率和试件尺寸等。各个试件的详细参数和钢筋布置分别见表2.1和图2.1。

表 2.1　各试件主要参数

试件编号	混凝土强度等级	$b \times h \times L$ /(mm×mm×mm)	纵向受力钢筋	横向分布钢筋
B1-1	C20	700×120×3300	$\phi^R 8@100$	$\phi^R 6@200$
B1-2		700×120×3300	$\phi^R 8@150$	$\phi^R 6@200$
B1-3		700×120×3300	$\phi^R 10@150$	$\phi^R 8@250$
B1-4		700×120×3300	$\phi^R 10@200$	$\phi^R 8@250$
B1-5		700×140×3300	$\phi^R 12@150$	$\phi^R 8@250$
B1-6		700×140×3300	$\phi^R 12@200$	$\phi^R 8@250$
B2-1	C30	700×120×3300	$\phi^R 8@100$	$\phi^R 6@200$
B2-2		700×120×3300	$\phi^R 8@150$	$\phi^R 6@200$
B2-3		700×120×3300	$\phi^R 10@150$	$\phi^R 8@250$
B2-4		700×120×3300	$\phi^R 10@200$	$\phi^R 8@250$
B2-5		700×140×3300	$\phi^R 12@150$	$\phi^R 8@250$
B2-6		700×140×3300	$\phi^R 12@200$	$\phi^R 8@250$

注:b、h 与 L 分别表示板的宽度、厚度和长度;混凝土保护层厚度为20mm;符号 ϕ^R 表示冷轧带肋钢筋CRB550级。

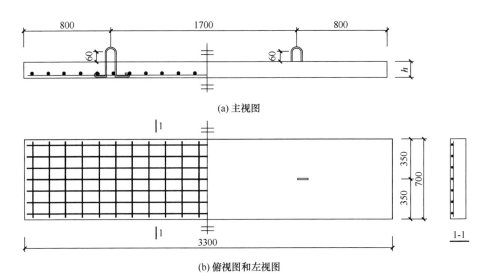

(a) 主视图

(b) 俯视图和左视图

图 2.1　试件尺寸和配筋示意图

2.1.2　加载方式和加载制度

1. 加载方式

加载装置如图 2.2 所示,跨中布置两个支座,由千斤顶及反力梁通过两端悬臂板施加竖向荷载,使得跨中形成纯弯段,以便于观测板顶裂缝开展和破坏情况[2]。

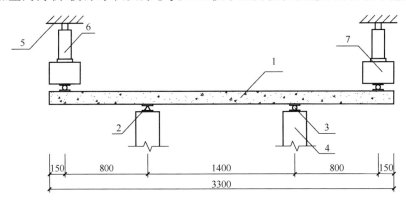

图 2.2　加载装置示意图

1. 试件;2. 固定铰支座;3. 滚动铰支座;4. 支墩;5. 反力架;6. 液压千斤顶;7. 分配梁

2. 加载制度

1) 预加载

首先分三级加至计算开裂荷载 P_{cr} 的 40%,检查仪器是否正常工作及试件是否对中,检查无误后分三级卸载至 0,调平各仪器。

2)正式加载

试件开裂前,分 4～5 级加载到 $0.9P_{cr}$,再以 P_{cr} 的 5％分级加载至试件开裂,每级荷载持续 5min,试件开裂以后,分 5 级加载至计算极限承载力 P_u 的 90％,此后以 P_u 的 5％分级加载,直至试件破坏,每级荷载持续 10min,持荷过程中,观测试件的裂缝开展和变形情况并拍照、记录。试件破坏后,撤去仪器及加载设备,准备下次试验[2]。

2.1.3　材性测试

1. 混凝土

浇筑试件时,依据《普通混凝土力学性能试验方法标准》(GB/T 50081—2002)[3],每种混凝土各留置 6 个 150mm×150mm×150mm 标准立方体试块和 6 个 100mm×100mm×300mm 棱柱体试块,以分别确定混凝土的立方体抗压强度和弹性模量。混凝土的力学性能实测结果见表 2.2。

表 2.2　混凝土的力学性能指标

混凝土强度等级	$f_{cu}/(N/mm^2)$	$f_c/(N/mm^2)$	$f_t/(N/mm^2)$	$E_c/(×10^4 N/mm^2)$
C20	22.9	15.4	1.7	2.70
C30	31.0	21.4	2.1	3.06

注:f_{cu}、f_c 和 f_t 分别表示混凝土的立方体抗压强度、轴心抗压强度和轴心抗拉强度;E_c 为混凝土的弹性模量。

2. 钢筋

钢筋材性依据《金属材料 室温拉伸试验方法》(GB/T 228—2002)[4]进行测试,其力学性能实测结果见表 2.3。

表 2.3　钢筋的力学性能指标

钢筋规格	$f_y/(N/mm^2)$	$f_u/(N/mm^2)$	$E_s/(×10^5 N/mm^2)$
$\phi^R 8$	542	612	1.95
$\phi^R 10$	562	654	1.99
$\phi^R 12$	537	605	1.94

注:f_y 和 f_u 分别表示钢筋的屈服强度和极限强度;E_s 为钢筋的弹性模量。

2.1.4　试件测试

1. 量测内容

本次试验主要量测内容包括以下几个方面:

(1) 荷载-位移曲线。

(2) 混凝土受压应变。

(3) 纵向钢筋受拉应变。

(4) 裂缝宽度和裂缝间距。

2. 测点布置

1) 应变测点

试件纯弯段的应变测点布置如图 2.3 所示:纵筋应变片以梅花状布置,测点编号 $G_1 \sim G_{13}$;混凝土应变片布置于试件跨中受压面,测点编号 $h_1 \sim h_5$。

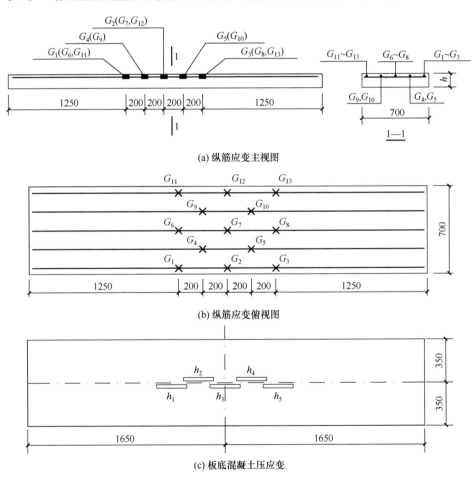

图 2.3 应变测点布置

2) 变形测点

位移计布置如图 2.4 所示,5 对位移计分别置于试件两端加载点处及跨中纯弯段(其中,位移计 f_1 和 f_5 用于测量加载点处的沉降,$f_2 \sim f_4$ 用于测量跨中挠度)。

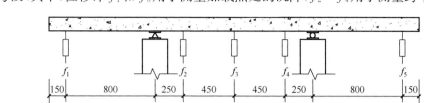

图 2.4　位移计布置

3. 裂缝观测

　　试验前将板的顶面和侧面用纯石灰水溶液刷白,并绘制 50mm×50mm 方格网。试件开裂后,借助放大镜对裂缝的发生和发展情况进行观测,并利用裂缝观测仪和直尺量测各级荷载[(0.3~0.8)P_u]下的裂缝宽度(裂缝测点布置如图 2.5 所示,三角形代表裂缝的实际位置,圆形代表裂缝宽度的测量位置,即每条裂缝需要测量每根纵筋及相邻纵筋中线处试件表面的裂缝宽度——图中仅给出三条典型裂缝的测量位置,其余裂缝宽度的测量位置与此类同)和裂缝长度;加载至 0.8P_u 后,使用同样大小网格标记的透明硫酸纸附在板面上,绘出整个试件的裂缝形态图,并测量裂缝间距。

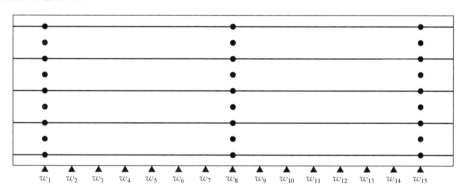

图 2.5　板面裂缝测点布置

2.2　试验现象和破坏特征总结

2.2.1　试验现象

试验过程大致分为以下几个阶段:

(1) 开始加载时[$P = (0.1 \sim 0.2)P_u$],试件表现为弹性变形特征,挠度与应变随荷载近似呈线性增长。

(2) 加载至$(0.2\sim0.3)P_u$时，在试件跨中纯弯段发现若干条竖向裂缝（裂缝首先出现在试件受拉边缘，且侧面与底面裂缝相互贯通），裂缝宽度较小，此时荷载-挠度曲线出现明显转折。

(3) 随着荷载进一步增长，纯弯段裂缝逐渐增多，并在剪跨区段发现斜裂缝，原有裂缝宽度逐渐增大，并向混凝土受压侧发展，直至$(0.4\sim0.5)P_u$时，主裂缝基本出齐，仅局部出现次生微裂缝。

(4) 接近破坏荷载时，纵向受力筋进入流塑状态，试件的挠度较荷载加速增长，此后，跨中裂缝宽度迅速增长，直至受压区混凝土压碎，试件破坏。

各试件纯弯段的裂缝形态如图 2.6 所示。

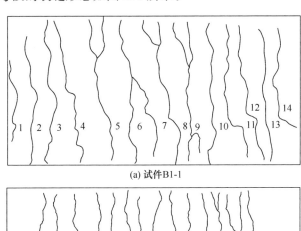

(a) 试件 B1-1

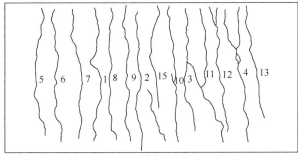

(b) 试件 B1-3

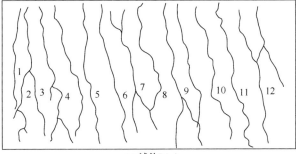

(c) 试件 B1-4

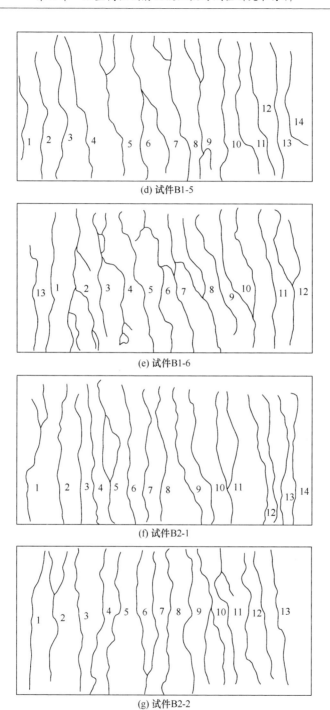

(d) 试件B1-5

(e) 试件B1-6

(f) 试件B2-1

(g) 试件B2-2

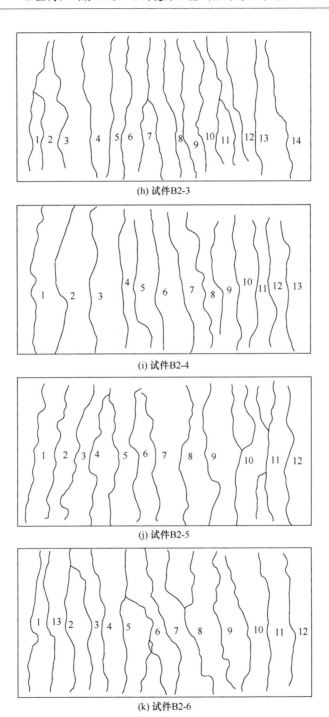

(h) 试件B2-3

(i) 试件B2-4

(j) 试件B2-5

(k) 试件B2-6

图 2.6　纯弯段裂缝形态

2.2.2　破坏特征

作为首次试验的试件 B1-2,由于加载不当,试验失败,其余 11 个试件的破坏均始于受拉纵筋屈服,然后受压侧混凝土被压碎,达到受弯承载能力极限,试件表现出较好的塑性变形能力,属于适筋破坏。

2.3　试验结果及分析

2.3.1　荷载-位移曲线

试件的荷载-跨中挠度曲线如图 2.7 所示(其中,位移计 $f_2 \sim f_4$ 的布置参见图 2.4)。可以看出:

(1) 直至纵向受拉钢筋屈服前,试件的荷载-挠度曲线以混凝土开裂为分界点,呈双折线分布。

(2) 纯弯段的跨中挠度 f_3 较其两侧的挠度 f_2 和 f_4 偏大许多,两者的差值占

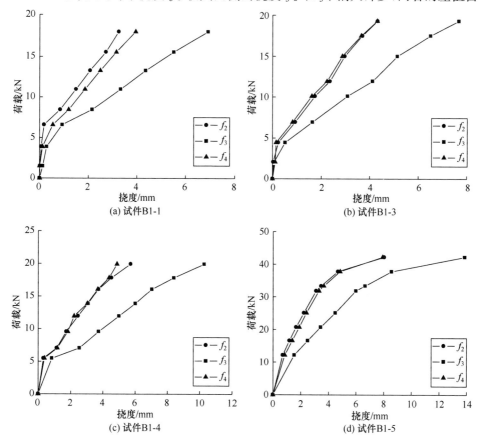

(a) 试件B1-1

(b) 试件B1-3

(c) 试件B1-4

(d) 试件B1-5

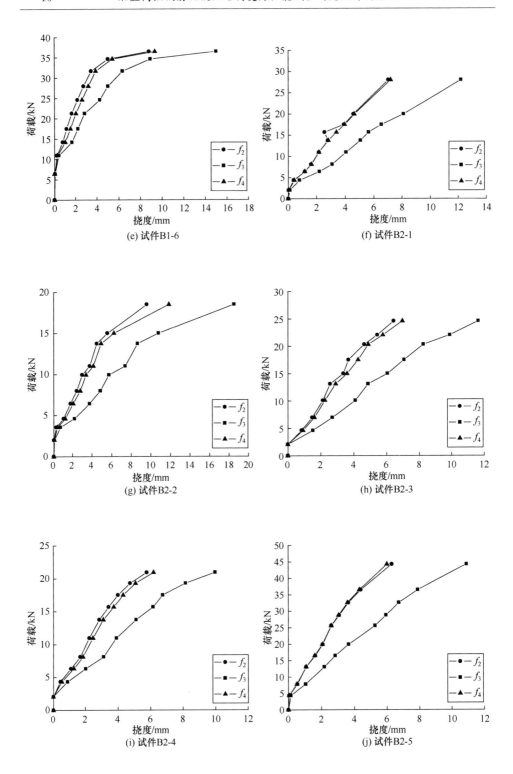

(e) 试件 B1-6

(f) 试件 B2-1

(g) 试件 B2-2

(h) 试件 B2-3

(i) 试件 B2-4

(j) 试件 B2-5

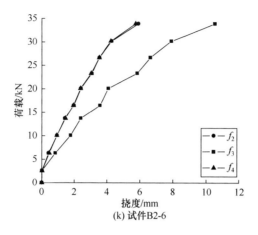

(k) 试件B2-6

图 2.7 荷载-跨中挠度曲线

f_3 实测值的比例在 30%~50%(随着荷载的增大,该比例略有减小,表明混凝土开裂后,纯弯段的曲率对于挠度的影响较其他区段更显著——这一现象对于个别试件并不十分明显)。

(3) 当荷载加到 $(0.7~0.8)P_u$ 时(此时钢筋应力在 400MPa 左右),跨中挠度为 3.24~6.28mm,满足《冷轧带肋钢筋混凝土结构技术规程》(JGJ 95—2003)[1] 规定的挠度不超过 $l_0/200$ 的要求。

2.3.2 钢筋应变

记 G_{1A}~G_{5A} 分别为不同水平位置处纵筋应变的平均值,即 G_{1A} 为钢筋应变 G_1、G_6 和 G_{11} 的平均,G_{2A} 为钢筋应变 G_4 和 G_9 的平均,G_{3A} 为钢筋应变 G_2、G_7 和 G_{12} 的平均,G_{4A} 为钢筋应变 G_5 和 G_{10} 的平均,G_{5A} 为钢筋应变 G_3、G_8 和 G_{13} 的平均[钢筋应变测点 G_1~G_{13} 的含义如图 2.3(a)和图 2.3(b)所示],得到各个试件的纵向受力钢筋平均应变随荷载的发展情况,如图 2.8 所示。

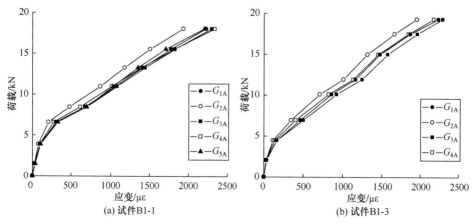

(a) 试件B1-1

(b) 试件B1-3

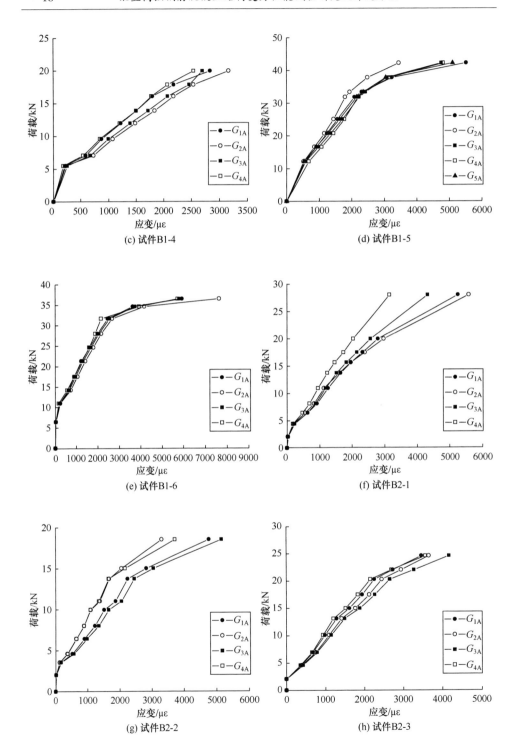

(c) 试件B1-4

(d) 试件B1-5

(e) 试件B1-6

(f) 试件B2-1

(g) 试件B2-2

(h) 试件B2-3

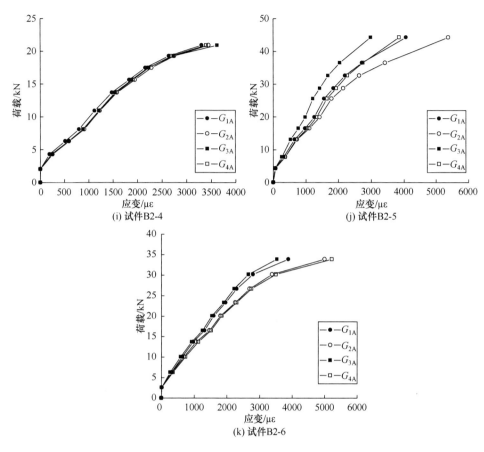

图 2.8　各个试件的纵向受力钢筋平均应变随荷载的发展情况

2.3.3　抗弯承载能力

试件的抗弯承载力实测值和理论计算值对比,见表 2.4。M_u^t/M_u^c 均值为 1.28,变异系数为 0.07,实测值比《冷轧带肋钢筋混凝土结构技术规程》(JGJ 95—2003)计算值偏大,表明按规程公式计算抗弯承载力是偏安全的。

表 2.4　抗弯承载力实测值和理论计算值对比

试件编号	$M_u^t/(kN \cdot m)$	$M_u^c/(kN \cdot m)$	M_u^t/M_u^c
B1-1	22.67	17.34	1.31
B1-3	24.74	18.98	1.30
B1-4	20.10	15.41	1.30
B1-5	37.34	32.21	1.16
B1-6	29.19	26.28	1.11

试件编号	$M_u^t/(kN \cdot m)$	$M_u^c/(kN \cdot m)$	M_u^t/M_u^c
B2-1	23.20	16.84	1.38
B2-2	15.43	12.41	1.24
B2-3	25.48	18.36	1.39
B2-4	20.89	15.02	1.39
B2-5	39.26	30.94	1.27
B2-6	32.10	25.47	1.26

注:M_u^t 和 M_u^c 分别为抗弯承载力实测值和按《冷轧带肋钢筋混凝土结构技术规程》(JGJ 95—2003)得到的计算值。

2.3.4　抗弯刚度

抗弯刚度可以通过三种试验方法得到:①根据平截面假定,利用边缘纤维应变计算某一截面的曲率,进而得到相应的刚度,见式(2.1)和式(2.2);②通过量测纯弯段内的相对挠度求平均曲率,进而得到相应的刚度,见式(2.3)和式(2.4);③基于跨中挠度直接求得试件的抗弯刚度,见式(2.5)。

$$\phi_1 = \frac{\varepsilon_{cm} + \varepsilon_{sm}}{h_0} \tag{2.1}$$

$$B_{s1}^t = \frac{M}{\phi_1} \tag{2.2}$$

式中,ε_{cm} 和 ε_{sm} 分别为受压区混凝土和受拉钢筋的平均应变。

$$\phi_2 = \frac{8f_a}{l^2} \tag{2.3}$$

$$B_{s2}^t = \frac{M}{\phi_2} \tag{2.4}$$

式中,挠度差 $f_a = f_3 - (f_2 + f_4)/2$;$l$ 为位移计测点 f_2 和测点 f_4 之间的距离。

$$B_{s3}^t = \frac{\beta M}{f_3} \tag{2.5}$$

式中,系数 β 与剪跨 l' 和加载形式有关,对于两点对称集中加载,$\beta = L_0^2/8 - l'^2/6$。

根据《冷轧带肋钢筋混凝土结构技术规程》(JGJ 95—2003)[1] 5.4.3 节,钢筋混凝土受弯构件的短期抗弯刚度为

$$B_s^c = \frac{E_s A_s h_0^2}{1.15\Psi + 0.2 + \dfrac{6\alpha_E \rho}{1 + 3.5\gamma_f'}} \tag{2.6}$$

由以上公式得到短期刚度试验值与计算值的对比情况,见表2.5。可以看出:

(1) 基于板跨中挠度得到的刚度 B_{s3}^t 比基于截面应变测量值的刚度 B_{s1}^t 和基于

纯弯段挠度测量值的刚度 B_{s2}^{t} 偏大。由于变形是截面曲率沿试件长度方向的累积效应,与之对应的刚度也应是基于整个试件长度意义上的平均刚度,所以计算变形时,不能利用测量范围过小推算得到的刚度 B_{s1}^{t} 或 B_{s2}^{t},必须采用 B_{s3}^{t}。

（2）短期刚度试验值与《冷轧带肋钢筋混凝土结构技术规程》(JGJ 95—2003) 计算值之比(B_{s3}^{t}/B_s^c)的均值为 1.129,变异系数为 0.118,表明对于配置高强钢筋的混凝土板,按规程得到的短期刚度计算值比试验值偏小。参考以往《混凝土结构设计规范》(GB 50010—2002)[5] 抗弯刚度公式计算值与试验值的对比结果,建议对规程计算公式直接乘以 1.13 的修正系数。

表 2.5　短期刚度对比

试件编号	钢筋应力 σ_s /MPa	B_{s3}^{t}/B_{s2}^{t}	B_{s3}^{t}/B_{s1}^{t}	B_{s2}^{t}/B_s^c	B_{s3}^{t}/B_s^c
B1-1	230	1.283	1.305	0.909	1.167
	298	1.185	1.255	0.947	1.123
	361	1.154	1.277	1.000	1.154
	423	1.122	1.222	0.980	1.100
B1-3	249	1.103	1.255	0.866	0.955
	294	1.075	1.239	0.869	0.934
	369	1.036	1.239	0.982	1.018
	431	1.060	1.233	0.943	1.000
	475	1.043	1.195	0.904	0.942
B1-4	368	1.083	1.102	1.304	1.413
	428	1.074	1.137	1.227	1.318
	495	1.000	1.106	1.238	1.238
	550	1.041	1.133	1.195	1.244
B1-5	296	1.614	1.598	0.902	1.455
	358	1.532	1.455	0.887	1.358
	455	1.511	1.404	0.920	1.390
	477	1.239	1.147	0.889	1.101
	539	1.388	1.291	0.825	1.144
B1-6	254	1.168	1.136	0.973	1.136
	312	1.200	1.212	1.010	1.212
	380	0.990	1.065	1.076	1.065
	440	1.000	1.129	1.091	1.091
	499	1.049	1.062	0.965	1.012

续表

试件编号	钢筋应力 σ_s /MPa	B_{s3}^t / B_{s2}^t	B_{s3}^t / B_{s1}^t	B_{s2}^t / B_s^c	B_{s3}^t / B_s^c
B2-1	221	1.133	1.214	0.776	0.879
	298	1.128	1.233	0.922	1.039
	374	1.082	1.262	1.021	1.104
	426	1.125	1.350	1.043	1.174
	476	0.964	1.395	1.222	1.178
B2-2	244	1.966	1.676	0.690	1.357
	304	1.448	1.313	0.763	1.105
	378	1.250	1.212	0.889	1.111
	418	1.462	1.267	0.743	1.086
	522	1.286	1.125	0.848	1.091
B2-3	249	1.698	1.553	0.741	1.259
	323	1.260	1.400	0.943	1.189
	369	1.277	1.429	0.922	1.176
	431	1.239	1.390	0.939	1.163
	500	1.191	1.366	0.979	1.167
B2-4	250	1.041	1.214	1.000	1.041
	338	0.948	1.279	1.349	1.279
	423	1.000	1.238	1.268	1.268
	483	1.020	1.250	1.225	1.250
B2-5	236	1.036	1.310	1.000	1.036
	284	1.049	1.289	0.981	1.029
	365	1.218	1.080	0.796	0.969
	410	1.188	1.131	0.833	0.990
	465	1.118	1.173	0.904	1.011
B2-6	245	0.966	1.449	1.194	1.153
	294	1.096	1.379	0.912	1.000
	359	1.000	1.433	1.116	1.116
	416	1.147	1.238	0.819	0.940
	476	1.129	1.274	0.875	0.988

2.3.5　裂缝宽度

1. 规程公式

根据《冷轧带肋钢筋混凝土结构技术规程》(JGJ 95—2003)[1]，对于矩形截面钢筋混凝土受弯构件，按荷载效应的标准组合并考虑长期作用影响的最大裂缝宽度 w_{max} 可按下列公式计算：

$$w_{max} = \alpha_{cr} \Psi \frac{\sigma_{sk}}{E_s} \left(1.9c + 0.08 \frac{d_{eq}}{\rho_{te}} \right) \tag{2.7}$$

$$\Psi = \alpha - \frac{0.65 f_{tk}}{\rho_{te} \sigma_{sk}} \tag{2.8}$$

$$\sigma_{sk} = \frac{M_k}{0.87 h_0 A_s} \tag{2.9}$$

$$d_{eq} = \frac{\sum n_i d_i^2}{\sum n_i \nu_i d_i} \tag{2.10}$$

式中，α_{cr} 为构件受力特征系数，取 1.9；Ψ 为裂缝间纵向受拉钢筋应变不均匀系数，当 $\Psi < 0.1$ 时，取 $\Psi = 0.1$，当 $\Psi > 1$ 时，取 $\Psi = 1$；系数 α 对板类构件取 $\alpha = 1.05$；ρ_{te} 为按有效受拉混凝土截面面积计算的纵向受拉钢筋配筋率，$\rho_{te} = A_s / A_{te}$，其中 $A_{te} = 0.5bh$，当 $\rho_{te} < 0.01$ 时，取 $\rho_{te} = 0.01$；σ_{sk} 为按荷载效应标准组合计算的钢筋混凝土构件纵向受拉钢筋的应力；c 为最外层纵向受拉钢筋外边缘至受拉区底边的距离(mm)；M_k 为按荷载效应的标准组合计算的弯矩值；d_{eq} 为受拉区纵向钢筋的等效直径(mm)；d_i 为受拉区第 i 种纵向钢筋的公称直径(mm)；n_i 为受拉区第 i 种纵向钢筋的根数；ν_i 为受拉区第 i 种纵向钢筋的相对粘结特性系数，对冷轧带肋钢筋取 $\nu_i = 1$。

根据《冷轧带肋钢筋混凝土结构技术规程》(JGJ 95—2003)[1]5.3.2 节条文说明可知，长期荷载作用下的最大裂缝宽度 w_{max} 与短期荷载作用下的最大裂缝宽度 w_{max}^s 之间有如下关系：

$$w_{max} = \tau_l w_{max}^s \tag{2.11}$$

$$w_{max}^s = \tau_s w_m \tag{2.12}$$

$$w_m = \alpha_c \Psi \frac{\sigma_{sk}}{E_s} l_{cr} \tag{2.13}$$

$$l_{cr} = 1.9c + 0.08 \frac{d_{eq}}{\rho_{te}} \tag{2.14}$$

式中，w_m 为短期荷载作用下的平均裂缝宽度；系数 α_c 反映了裂缝间混凝土伸长对裂缝宽度的影响，取为 0.85；τ_s 为短期裂缝宽度扩大系数，取为 1.5；τ_l 为考虑长期作用影响的裂缝宽度扩大系数,取为 1.5;构件受力特征系数 $\alpha_{cr} = \alpha_c\tau_s\tau_1 = 0.85 \times 1.5 \times 1.5 \approx 1.9$。

2. 试验结果

1) 平均裂缝间距

统计试件底面纵筋位置处的相邻裂缝间距(每块板 50 个有效数据),结果见表 2.6。l_{cr}^c/l_{cr}^t 均值为 1.020,变异系数为 0.093,计算值与试验值吻合较好。

表 2.6　裂缝间距对比

试件编号	实测值/mm			计算值	l_{cr}^c/l_{cr}^t
	$l_{cr,max}$	$l_{cr,min}$	l_{cr}^t	l_{cr}^c/mm	
B1-1	170	60	90	100	1.111
B1-3	140	80	112	106	0.946
B1-4	148	42	98	123	1.255
B1-5	165	65	114	106	0.930
B1-6	160	90	119	122	1.025
B2-1	140	85	108	100	0.926
B2-2	150	90	121	123	1.017
B2-3	150	75	107	106	0.991
B2-4	150	91	118	123	1.042
B2-5	125	85	106	106	1.000
B2-6	150	95	125	122	0.976

注:$l_{cr,max}$、$l_{cr,min}$ 和 l_{cr}^t 分别表示实测的最大裂缝间距、最小裂缝间距和裂缝间距平均值;l_{cr}^c 为根据《冷轧带肋钢筋混凝土结构技术规程》(JGJ 95—2003)[1]计算的平均裂缝间距。

2) 裂缝宽度

裂缝宽度实测结果见表 2.7。可以看出:

(1) 在正常使用极限状态下,钢筋应力小于 400MPa,此时实测裂缝宽度最大值为 0.187~0.286mm(试件 B2-3 除外),满足《冷轧带肋钢筋混凝土结构技术规程》(JGJ 95—2003)最大裂缝宽度容许值为 0.3mm 的要求。

(2) w_m^c/w_m^t 平均值为 1.006,变异系数为 0.222,按《冷轧带肋钢筋混凝土结构技术规程》(JGJ 95—2003)公式计算值与试验值吻合较好。

表 2.7 裂缝宽度对比

试件编号	钢筋应力 σ_s/MPa	实测值/mm			计算值/mm		比值		
		w_m^t	w_{max}^t	$w_{max,0.95}^t$	w_m^c	w_{max}^c	$\dfrac{w_m^c}{w_m^t}$	$\dfrac{w_{max}^c}{w_{max}^t}$	$\dfrac{w_{max}^c}{w_{max,0.95}^t}$
B1-1	230	0.046	0.090	0.083	0.047	0.070	1.022	0.778	0.843
	298	0.079	0.120	0.125	0.079	0.118	1.000	0.983	0.944
	361	0.108	0.180	0.161	0.108	0.162	1.000	0.900	1.006
	423	0.135	0.220	0.196	0.137	0.206	1.015	0.936	1.051
B1-3	249	0.059	0.100	0.097	0.063	0.095	1.068	0.950	0.979
	294	0.078	0.170	0.140	0.087	0.131	1.115	0.771	0.936
	369	0.111	0.200	0.186	0.127	0.191	1.144	0.955	1.027
	431	0.144	0.270	0.229	0.160	0.240	1.111	0.889	1.048
B1-4	368	0.077	0.150	0.130	0.127	0.190	1.649	1.267	1.462
	428	0.121	0.220	0.180	0.158	0.237	1.306	1.077	1.317
	495	0.163	0.300	0.249	0.194	0.291	1.190	0.970	1.169
B1-5	296	0.068	0.130	0.108	0.102	0.153	1.500	1.177	1.417
	358	0.105	0.200	0.165	0.136	0.204	1.295	1.020	1.236
	455	0.136	0.260	0.212	0.188	0.283	1.382	1.088	1.335
	477	0.166	0.280	0.248	0.200	0.300	1.205	1.071	1.210
B1-6	254	0.075	0.140	0.136	0.077	0.115	1.027	0.821	0.846
	312	0.109	0.200	0.183	0.113	0.169	1.037	0.845	0.923
	380	0.152	0.260	0.247	0.155	0.232	1.020	0.892	0.939
	440	0.177	0.300	0.303	0.191	0.287	1.079	0.957	0.947
B2-1	221	0.075	0.160	0.125	0.054	0.082	0.720	0.513	0.656
	298	0.094	0.180	0.153	0.090	0.136	0.957	0.756	0.889
	374	0.114	0.200	0.181	0.126	0.189	1.105	0.945	1.044
	426	0.142	0.220	0.219	0.150	0.226	1.056	1.027	1.032
	476	0.172	0.260	0.280	0.174	0.260	1.012	1.000	0.929
B2-2	244	0.105	0.150	0.147	0.065	0.098	0.619	0.653	0.667
	304	0.124	0.200	0.178	0.093	0.140	0.750	0.700	0.787
	378	0.164	0.240	0.231	0.128	0.192	0.780	0.800	0.831
	418	0.196	0.280	0.270	0.147	0.220	0.750	0.786	0.815

试件编号	钢筋应力 σ_s/MPa	实测值/mm			计算值/mm		比值		
		w_m^t	w_{max}^t	$w_{max,0.95}^t$	w_m^c	w_{max}^c	$\dfrac{w_m^c}{w_m^t}$	$\dfrac{w_{max}^c}{w_{max}^t}$	$\dfrac{w_{max}^c}{w_{max,0.95}^t}$
B2-3	249	0.126	0.180	0.130	0.076	0.115	0.603	0.639	0.885
	323	0.150	0.220	0.158	0.116	0.173	0.773	0.786	1.095
	369	0.175	0.300	0.187	0.140	0.211	0.800	0.703	1.128
	431	0.221	0.300	0.238	0.173	0.259	0.783	0.863	1.088
B2-4	250	0.098	0.200	0.163	0.077	0.116	0.786	0.580	0.712
	338	0.120	0.240	0.196	0.123	0.185	1.025	0.771	0.944
	423	0.146	0.280	0.242	0.169	0.253	1.158	0.904	1.045
	483	0.166	0.320	0.272	0.200	0.301	1.205	0.941	1.107
B2-5	236	0.109	0.180	0.163	0.081	0.121	0.743	0.672	0.742
	284	0.141	0.220	0.207	0.107	0.161	0.759	0.732	0.778
	365	0.150	0.240	0.216	0.151	0.227	1.007	0.946	1.051
	410	0.175	0.240	0.254	0.176	0.263	1.006	1.096	1.035
B2-6	245	0.109	0.180	0.158	0.087	0.130	0.798	0.722	0.823
	294	0.133	0.220	0.194	0.117	0.176	0.880	0.800	0.907
	359	0.156	0.250	0.227	0.157	0.235	1.006	0.940	1.035
	416	0.185	0.300	0.274	0.192	0.289	1.038	0.963	1.055

注：w_m^t 和 w_{max}^t 分别为实测的裂缝宽度平均值和最大值；$w_{max,0.95}^t$ 为具有 95% 保证率的实测裂缝宽度；w_m^c 和 w_{max}^c 分别为按《冷轧带肋钢筋混凝土结构技术规程》(JGJ 95—2003)[1]计算的短期荷载作用下裂缝宽度平均值和最大值。

(3) 根据《冷轧带肋钢筋混凝土结构技术规程》(JGJ 95—2003)，计算短期最大裂缝宽度时，需要在平均裂缝宽度的基础上乘以扩大系数 τ_s，该参数可根据裂缝宽度的概率分布规律，即统计各试件每条裂缝宽度 w_i^t 与裂缝宽度平均值 w_m^t 的比值 τ，并经过数理统计分析后确定。根据本次试验，τ 服从正态分布，取其具有 95% 保证率的分位点，则有

$$\tau_s = \bar{\tau}(1 + 1.645\delta) \tag{2.15}$$

根据试验分析结果，均值 $\bar{\tau} = 0.992$，变异系数 $\delta = 0.289$，因此 $\tau_s = 1.464$，这与《冷轧带肋钢筋混凝土结构技术规程》(JGJ 95—2003)规定的 τ_s 取 1.5 相吻合，不需要修正。

2.4 结　论

本章对配置高强钢筋的混凝土板的受弯性能试验研究进行了介绍，得到以下

主要结论：

（1）按《冷轧带肋钢筋混凝土结构技术规程》（JGJ 95—2003）得到的短期刚度计算值比试验值偏小，建议对规程计算公式直接乘以系数 1.13 加以修正。

（2）按照《冷轧带肋钢筋混凝土结构技术规程》（JGJ 95—2003）得到的平均裂缝宽度和短期裂缝宽度扩大系数，与试验结果吻合很好，不需要修正。

（3）当加载到$(0.7\sim0.8)P_u$，即钢筋应力在 400MPa 左右时，能满足《冷轧带肋钢筋混凝土结构技术规程》（JGJ 95—2003）规定的最大裂缝宽度不超过 0.3mm，跨中挠度不超过 $l_0/200$ 的要求。

参 考 文 献

[1] 中华人民共和国建设部. JGJ 95—2003　冷轧带肋钢筋混凝土结构技术规程[S]. 北京：中国建筑工业出版社，2003.

[2] 中华人民共和国建设部. GB 50152—92　混凝土结构试验方法标准[S]. 北京：中国建筑工业出版社，2008.

[3] 中华人民共和国建设部. GB/T 50081—2002　普通混凝土力学性能试验方法标准[S]. 北京：中国建筑工业出版社，2003.

[4] 中华人民共和国国家质量监督检验检疫总局. GB/T 228—2002　金属材料 室温拉伸试验方法[S]. 北京：中国标准出版社，2002.

[5] 中华人民共和国建设部. GB 50010—2002　混凝土结构设计规范[S]. 北京：中国建筑工业出版社，2002.

第3章　配置高强钢筋混凝土梁的 抗弯性能试验研究和分析

根据作者收集的相关资料表明,国内关于配置高强钢筋混凝土梁受弯性能的试验研究存在以下几点不足:

(1) 试件的混凝土保护层厚度在 25mm 左右。根据《混凝土结构设计规范》(GB 50010—2002)[1],当混凝土梁处于一类环境时,其纵向受拉钢筋混凝土保护层最小厚度为 25mm,而根据《混凝土结构耐久性设计规范》(GB/T 50476—2008)[2],该值将提高到 35mm。混凝土保护层厚度是计算裂缝宽度的一个重要影响因素,因此补充大保护层厚度混凝土梁的试验研究是有必要的。

(2) 钢筋直径也是影响裂缝宽度的重要因素,然而现有的试验梁纵向受拉钢筋直径普遍偏小,较大直径钢筋的梁较少。

(3) 绝大多数试件为矩形截面,截面形式单一。

针对以上问题,同济大学设计并完成了 14 根配有 500MPa 级钢筋混凝土梁的受弯性能试验,对试件的承载力、变形和裂缝宽度等进行了重点研究。

3.1　方　案　介　绍

3.1.1　试件设计

共设计制作了 14 个试件,主要研究参数为混凝土强度、试件尺寸和截面形式、纵向受拉钢筋配筋率及混凝土保护层厚度等。试件基本参数见表 3.1,试件尺寸和钢筋布置如图 3.1 所示。

表 3.1　试件主要参数

试件编号	混凝土强度等级	$b \times h \times L$ /(mm×mm×mm)	主力钢筋		保护层厚度/mm	
			纵向受拉钢筋①	箍筋③	c_1	c_2
JL-1	C30	250×400×4500	3Φ^F20	Φ12@150	30	25
JL-2	C30	250×450×4500	3Φ^F20	Φ12@150	30	25
JL-3	C30	250×450×4500	2Φ^F25	Φ12@150	31	30
JL-4	C30	250×450×4500	3Φ^F25	Φ12@100	38	40
JL-5	C30	250×500×4500	5Φ^F20(3/2)	Φ12@120	39	25
JL-6	C50	250×400×4500	2Φ^F25	Φ12@150	50	25

续表

试件编号	混凝土强度等级	$b \times h \times L$ /(mm×mm×mm)	主力钢筋		保护层厚度/mm	
			纵向受拉钢筋①	箍筋③	c_1	c_2
JL-7	C50	$250 \times 450 \times 4500$	$3\Phi^F 20$	$\Phi12@150$	29	50
JL-8	C50	$250 \times 450 \times 4500$	$3\Phi^F 25$	$\Phi12@120$	39	25
JL-9	C50	$300 \times 500 \times 4500$	$2\Phi^F 32 + 1\Phi^F 20$	$\Phi12@100$	38	25
JL-10	C50	$300 \times 500 \times 4500$	$3\Phi^F 25$	$\Phi12@100$	51	50
TL-11	C30	$250 \times 400 \times 4500$	$3\Phi^F 25$	$\Phi12@100$	31	25
TL-12	C30	$250 \times 450 \times 4500$	$5\Phi^F 20(3/2)$	$\Phi12@100$	38	25
TL-13	C50	$250 \times 450 \times 4500$	$2\Phi^F 32$	$\Phi12@100$	39	40
TL-14	C50	$300 \times 500 \times 4500$	$3\Phi^F 25$	$\Phi12@120$	49	25

注:对于 T 形截面梁 TL-11~TL-14,受压翼缘宽度 $b_f' \times$ 高度 h_f' 均为 550mm×80mm,并且在翼缘部位通长配置 Ⅱ 形箍筋 $\Phi8@200$ 和纵向构造钢筋 $2\Phi12$;架立筋①:除 JL-9、JL-10、TL-13 和 TL-14 配置 $2\Phi20$,其余均为 $2\Phi16$;腰筋④:对于矩形截面梁,当梁高 $h \geqslant 450$mm 时,配置 $2\Phi12$ 腰筋;纯弯段不配置箍筋;符号 Φ 和 Φ^F 分别表示钢筋强度等级为 HRB335 和 HRBF500。

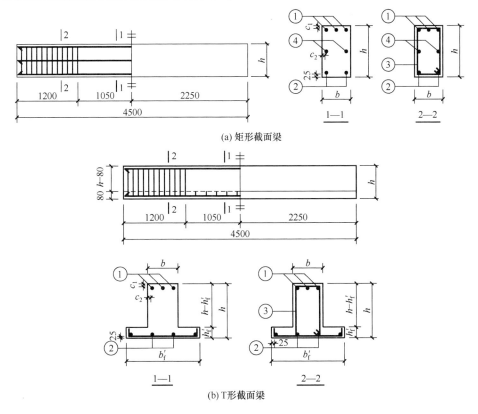

(a) 矩形截面梁

(b) T形截面梁

图 3.1　试件尺寸与配筋示意图

3.1.2　加载方式和加载制度

1. 加载方式

为了便于观察受拉侧混凝土的裂缝开展情况,采用反向加载方案,如图3.2所示。

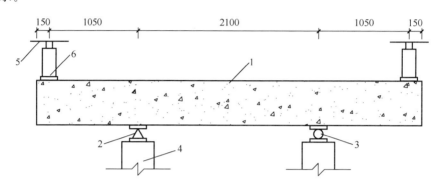

图 3.2　加载装置示意图
1. 试件;2. 固定铰支座;3. 滚动铰支座;4. 支墩;5. 反力架;6. 液压千斤顶

2. 加载制度

以试件跨中纯弯段的设计弯矩 M_u 为参照(相应地,单个千斤顶荷载记为 P_u),采用两个作用于试件端部的液压千斤顶施加竖向荷载,每级按 P_u 的 1/10 进行加载,当荷载达到 $0.9P_u$ 时,荷载级差改为 $0.05P_u$,直至试件破坏。每级荷载持续 10min,持荷过程中,观测试件的表面裂缝开展和变形情况并拍照、记录[3]。

3.1.3　材性测试

1. 混凝土

依据《普通混凝土力学性能试验方法标准》(GB/T 50081—2002)[4],每种混凝土各留置 6 个 150mm×150mm×150mm 立方体试块。混凝土的力学性能实测结果见表 3.2。

表 3.2　混凝土的力学性能指标

混凝土强度等级	$f_{cu}/(N/mm^2)$	$f_c/(N/mm^2)$	$f_t/(N/mm^2)$	$E_c/(\times 10^4 N/mm^2)$
C30	28.7	19.2	2.0	2.93
C50	44.0	29.1	2.5	3.35

注:f_c 和 f_t 根据《混凝土结构设计规范》(GB 50010—2002)[1]表 4.1.3 插值得到,E_c 根据《混凝土结构设计规范》(GB 50010—2002)[1]条文说明 4.1.5 节公式计算得到。

2. 钢筋

钢筋材性依据《金属材料　室温拉伸试验方法》(GB/T 228—2002)[5]进行测试,其力学性能实测结果见表 3.3。

表 3.3　钢筋的力学性能指标

钢筋规格	$f_y/(N/mm^2)$	$f_u/(N/mm^2)$	$E_s/(\times 10^5 N/mm^2)$
Φ^F20	556	673	
Φ^F25	569	689	2.00
Φ^F32	529	670	

注:钢筋弹性模量 E_s 按《混凝土结构设计规范》(GB 50010—2002)[1]取值。

3.1.4　试件测试

1. 量测内容

本次试验主要量测内容包括以下几个方面:
(1) 荷载-挠度曲线。
(2) 纵筋应变。
(3) 混凝土平均应变。
(4) 裂缝宽度和裂缝间距。

2. 测点布置

1) 应变测点

在试件纵筋中部粘贴电阻应变片,以量测加载过程中钢筋的应力变化,测点布置如图 3.3 所示;在梁跨中一侧面沿水平方向布置若干位移计,以量测混凝土应变沿截面高度的分布情况,并由此得到跨中平均曲率,测点布置如图 3.4 所示。

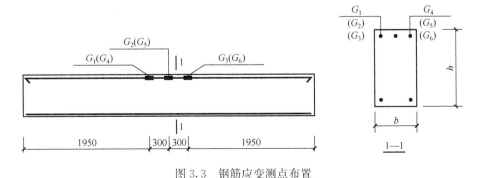

图 3.3　钢筋应变测点布置

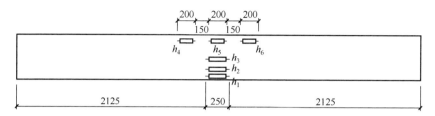

图 3.4 混凝土应变测点布置

2）变形测点

布置 5 个位移计，分别置于试件两端及跨中纯弯段，用以量测试件两端的沉降及跨中挠度，测点布置如图 3.5 所示。

3. 裂缝观测

试验前将试件两侧及受拉面用白色涂料刷白，并绘制 50mm×50mm 的网格；试件开裂后立即对裂缝的发展情况进行观察，并借助放大镜及裂缝观测仪等工具测量各级荷载下的裂缝宽度（当钢筋应变超过 $2000\mu\varepsilon$ 后停止测量裂缝宽度）。裂缝宽度测点位置见图 3.6 和表 3.4。

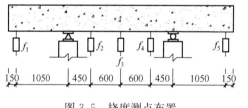

图 3.5 挠度测点布置

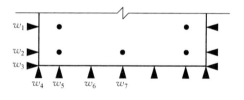

图 3.6 裂缝测点

表 3.4 裂缝测点位置说明

裂缝编号	w_1	w_2	w_3	w_4	w_5	w_6	w_7
从属面	侧面			底面			
位置	上层钢筋水平位置	下层钢筋水平位置	边缘处	边缘处	最外侧钢筋下方	两钢筋中心下方	中线位置

3.2 试验现象及破坏特征总结

3.2.1 试验现象

试验过程分为以下几个阶段：

（1）开始加载时，试件表现为弹性变形特征，挠度随荷载呈线性增长，钢筋和混凝土应变增长稳定。

（2）当荷载加至$(0.2\sim0.3)P_u$时，在跨中纯弯段发现一条或多条垂直裂缝，荷载-挠度曲线出现明显转折。

（3）随着荷载的进一步增长，纯弯段裂缝逐渐增多，并向上延伸，裂缝宽度逐渐加大，并在剪跨段出现斜裂缝，当荷载加至$(0.4\sim0.5)P_u$时，裂缝基本出齐。

（4）当荷载接近P_u时，钢筋进入流塑状态，荷载-挠度曲线出现第二次转折。

（5）继续增加荷载，跨中裂缝宽度和挠度迅速增大，直至混凝土被压碎。

3.2.2　破坏特征

采用500MPa级钢筋的混凝土梁的破坏特征和普通钢筋混凝土梁相似，试件的破坏始于受拉纵筋屈服，然后受压侧混凝土被压碎，达到受弯承载能力极限，破坏类型属于适筋破坏。

3.3　试验结果及分析

3.3.1　荷载-位移曲线

试件的荷载-挠度曲线如图3.7所示；图中跨中挠度f在计算时已经扣除了加载端的沉降，见式（3.1）。

$$f=f_3-\frac{f_1+f_5}{2} \tag{3.1}$$

式中，f_1、f_3与f_5分别表示三个挠度测点（图3.5）的实测位移。

显然，在纵筋屈服前，试件的荷载-挠度曲线呈双折线；纵筋屈服后，在荷载变化不大（增幅为极限荷载的$5\%\sim18\%$）的情况下，位移增长相当明显，以试件JL-1为例，极限位移可达屈服位移的2.7倍。本章主要研究正常使用状态下试件的变形情况，故图中未给出纵筋屈服后的荷载-位移数据。

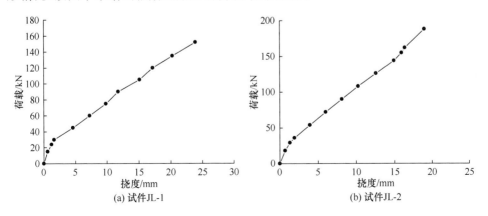

(a) 试件JL-1　　　　　　　　　　(b) 试件JL-2

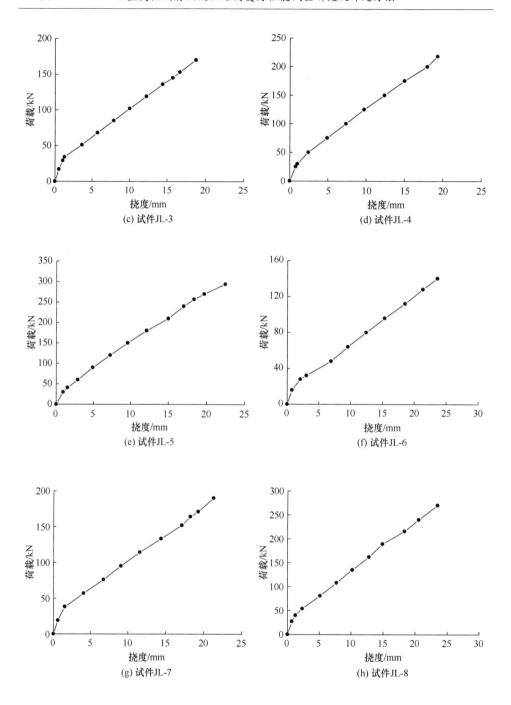

(c) 试件JL-3

(d) 试件JL-4

(e) 试件JL-5

(f) 试件JL-6

(g) 试件JL-7

(h) 试件JL-8

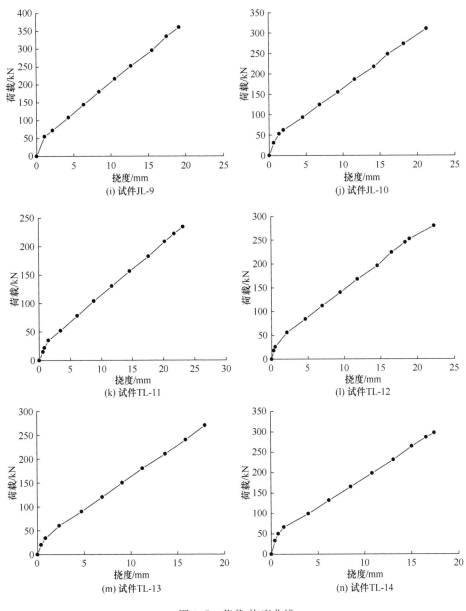

图 3.7　荷载-挠度曲线

3.3.2　混凝土应变

　　试件跨中纯弯段混凝土平均应变沿截面高度的分布情况如图 3.8 所示。可以看出,混凝土的平均应变服从平截面假定。

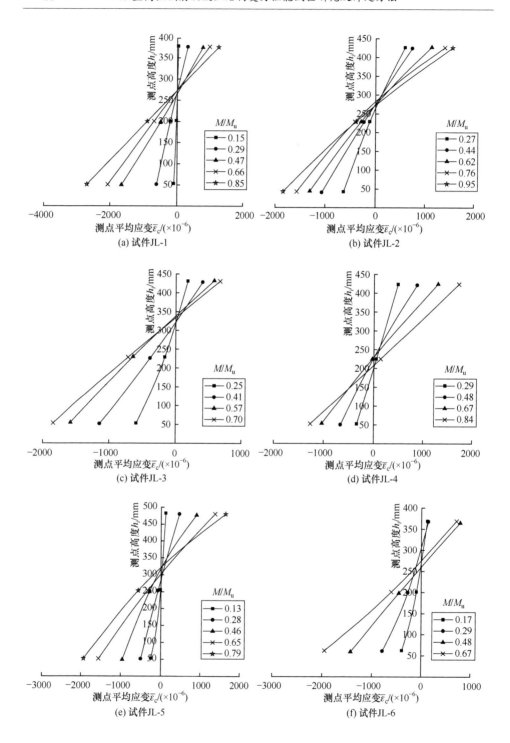

(a) 试件JL-1

(b) 试件JL-2

(c) 试件JL-3

(d) 试件JL-4

(e) 试件JL-5

(f) 试件JL-6

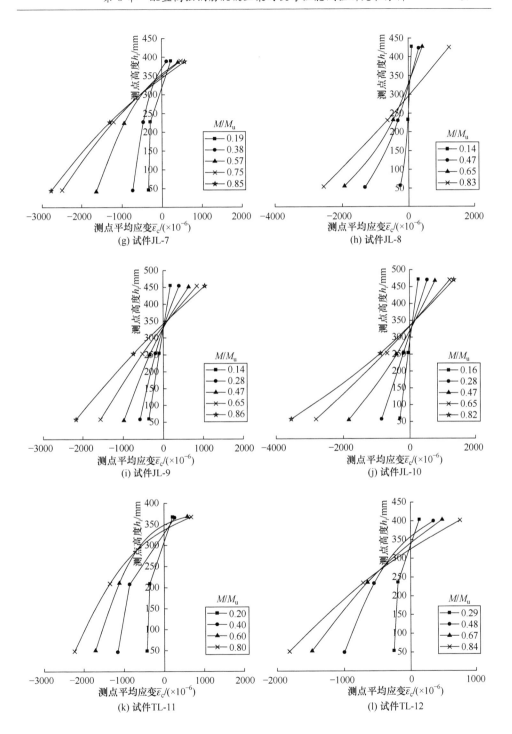

(g) 试件JL-7

(h) 试件JL-8

(i) 试件JL-9

(j) 试件JL-10

(k) 试件TL-11

(l) 试件TL-12

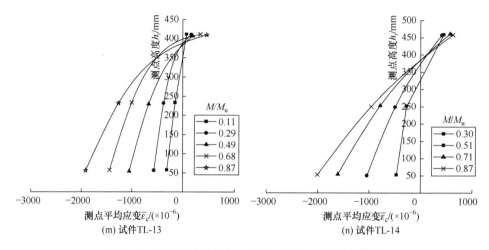

图 3.8　混凝土平均应变 $\bar{\varepsilon}_c$ 沿截面高度 h_i 的分布情况

3.3.3　抗弯承载能力

　　试件的抗弯承载力实测值与按《混凝土结构设计规范》(GB 50010—2002)得到的极限弯矩计算值对比情况,见表 3.5。M_u^t/M_u^c 均值为 1.08,变异系数为 0.04。因此,对于配有高强钢筋的混凝土梁,其抗弯承载力仍可按现行规范公式计算。

表 3.5　抗弯承载力对比

试件编号	实测极限荷载 /(kN·m)	梁自重/(kN/m)	实测极限弯矩 M_u^t/(kN·m)	计算极限弯矩 M_u^c/(kN·m)	M_u^t/M_u^c
JL-1	167.66	2.50	169.46	158.62	1.07
JL-2	215.20	2.80	217.22	185.75	1.17
JL-3	219.43	2.84	221.47	193.22	1.15
JL-4	273.83	2.81	275.86	258.61	1.07
JL-5	341.44	3.13	343.69	295.04	1.16
JL-6	174.53	2.51	176.34	165.25	1.07
JL-7	211.99	2.82	214.02	195.03	1.10
JL-8	305.52	2.85	307.58	284.57	1.08
JL-9	406.41	3.77	409.12	375.03	1.09
JL-10	348.84	3.78	351.56	321.97	1.09
TL-11	271.72	3.10	273.95	262.74	1.04
TL-12	301.49	3.41	303.95	291.58	1.04

续表

试件编号	实测极限荷载/(kN・m)	梁自重/(kN/m)	实测极限弯矩 M_u^t/(kN・m)	计算极限弯矩 M_u^c/(kN・m)	M_u^t/M_u^c
TL-13	325.07	3.48	327.57	320.09	1.02
TL-14	343.55	4.28	346.64	341.95	1.01

3.4　抗弯刚度

3.4.1　曲率

记 ϕ_1 为根据混凝土平均应变计算得到的曲率，ϕ_2 为根据纯弯段内一段标距的相对挠度得到的曲率[关于两种曲率的计算方法参见本书第 2 章式(2.1)和式(2.3)]，得到各级荷载下试件的曲率，见表 3.6～表 3.19。可以看出，不同荷载水平下两种方法所获得的曲率是不完全相同的，ϕ_1 反映了试件上标距为 250mm 范围内的平均曲率，ϕ_2 反映了试件上标距为 1200mm 范围内的平均曲率。因此，ϕ_2 更全面地反映了纯弯段的平均曲率。

表 3.6　试件 JL-1 在各级荷载下的曲率

荷载等级	M/(kN・m)	$\dfrac{M}{M_u}$	ϕ_1	ϕ_2	荷载等级	M/(kN・m)	$\dfrac{M}{M_u}$	ϕ_1	ϕ_2
			/($\times 10^{-6}$/mm)					/($\times 10^{-6}$/mm)	
1	15.75	0.10	0.01	0.17	7	94.50	0.56	9.12	5.71
2	25.20	0.15	0.37	0.39	8	110.25	0.66	9.47	7.29
3	31.50	0.19	0.46	0.63	9	126.00	0.75	10.16	8.14
4	47.25	0.29	2.96	2.33	10	141.75	0.85	12.26	9.67
5	63.00	0.38	4.52	3.67	11	159.60	0.95	14.49	11.13
6	78.75	0.47	7.66	4.96	—	—	—	—	—

表 3.7　试件 JL-2 在各级荷载下的曲率

荷载等级	M/(kN・m)	$\dfrac{M}{M_u}$	ϕ_1	ϕ_2	荷载等级	M/(kN・m)	$\dfrac{M}{M_u}$	ϕ_1	ϕ_2
			/($\times 10^{-6}$/mm)					/($\times 10^{-6}$/mm)	
1	18.90	0.09	0.50	0.01	7	113.40	0.53	5.55	4.99
2	30.45	0.14	0.76	0.44	8	132.30	0.62	6.38	6.07
3	37.80	0.18	1.09	1.07	9	151.20	0.70	7.23	7.19
4	56.70	0.27	3.21	2.00	10	162.75	0.76	7.74	7.67
5	75.60	0.35	3.90	2.99	11	170.10	0.79	8.04	7.90
6	94.50	0.44	4.71	3.97	12	197.40	0.88	8.83	8.47

表 3.8　试件 JL-3 在各级荷载下的曲率

荷载等级	M /(kN·m)	$\dfrac{M}{M_u}$	ϕ_1 /(×10⁻⁶/mm)	ϕ_2	荷载等级	M /(kN·m)	$\dfrac{M}{M_u}$	ϕ_1 /(×10⁻⁶/mm)	ϕ_2
1	17.85	0.08	0.01	0.06	6	107.10	0.49	4.75	4.92
2	30.45	0.14	0.18	0.29	7	124.95	0.57	5.72	5.83
3	35.70	0.17	0.38	0.33	8	142.80	0.65	6.41	6.76
4	53.55	0.25	2.09	1.71	9	152.25	0.70	6.73	7.31
5	71.40	0.33	3.11	2.85	—	—	—	—	—

表 3.9　试件 JL-4 在各级荷载下的曲率

荷载等级	M /(kN·m)	$\dfrac{M}{M_u}$	ϕ_1 /(×10⁻⁶/mm)	ϕ_2	荷载等级	M /(kN·m)	$\dfrac{M}{M_u}$	ϕ_1 /(×10⁻⁶/mm)	ϕ_2
1	26.25	0.10	0.09	0.18	6	131.25	0.48	4.14	4.46
2	31.50	0.12	0.36	0.26	7	157.50	0.58	5.38	5.58
3	52.50	0.19	1.04	1.15	8	183.75	0.67	6.29	6.63
4	78.75	0.29	2.27	2.43	9	210.00	0.77	7.56	7.94
5	105.00	0.38	3.30	3.49	10	228.90	0.84	8.07	8.42

表 3.10　试件 JL-5 在各级荷载下的曲率

荷载等级	M /(kN·m)	$\dfrac{M}{M_u}$	ϕ_1 /(×10⁻⁶/mm)	ϕ_2	荷载等级	M /(kN·m)	$\dfrac{M}{M_u}$	ϕ_1 /(×10⁻⁶/mm)	ϕ_2
1	31.50	0.09	0.26	0.51	7	189.00	0.55	6.11	6.49
2	43.05	0.13	0.45	0.92	8	220.50	0.65	6.88	7.69
3	63.00	0.19	0.88	1.60	9	252.00	0.74	7.47	8.74
4	94.50	0.28	2.26	2.82	10	269.85	0.79	8.43	9.11
5	126.00	0.37	3.24	4.00	11	283.50	0.83	9.15	9.69
6	157.50	0.46	4.45	5.32	12	308.70	0.90	10.23	10.76

表 3.11　试件 JL-6 在各级荷载下的曲率

荷载等级	M /(kN·m)	$\dfrac{M}{M_u}$	ϕ_1 /(×10⁻⁶/mm)	ϕ_2	荷载等级	M /(kN·m)	$\dfrac{M}{M_u}$	ϕ_1 /(×10⁻⁶/mm)	ϕ_2
1	16.80	0.10	0.30	0.61	6	84.00	0.48	7.21	6.42
2	29.40	0.17	0.61	1.06	7	100.80	0.58	7.79	7.99
3	33.60	0.20	1.69	1.75	8	117.60	0.67	8.73	9.51
4	50.40	0.29	3.02	4.01	9	134.40	0.77	10.07	10.68
5	67.20	0.39	4.93	5.24	10	147.00	0.84	7.49	11.81

表 3.12　试件 JL-7 在各级荷载下的曲率

荷载等级	M /(kN·m)	$\dfrac{M}{M_u}$	ϕ_1 /(×10⁻⁶/mm)	ϕ_2 /(×10⁻⁶/mm)	荷载等级	M /(kN·m)	$\dfrac{M}{M_u}$	ϕ_1 /(×10⁻⁶/mm)	ϕ_2 /(×10⁻⁶/mm)
1	19.95	0.10	0.38	0.81	7	139.65	0.66	7.45	6.57
2	39.90	0.19	0.56	1.17	8	159.60	0.75	8.73	7.61
3	59.85	0.28	1.65	2.00	9	172.20	0.81	9.19	8.13
4	79.80	0.38	2.50	3.21	10	179.55	0.85	9.79	8.47
5	99.75	0.47	4.53	4.22	11	199.50	0.94	10.47	9.28
6	119.70	0.57	6.02	5.32	—	—	—	—	—

表 3.13　试件 JL-8 在各级荷载下的曲率

荷载等级	M /(kN·m)	$\dfrac{M}{M_u}$	ϕ_1 /(×10⁻⁶/mm)	ϕ_2 /(×10⁻⁶/mm)	荷载等级	M /(kN·m)	$\dfrac{M}{M_u}$	ϕ_1 /(×10⁻⁶/mm)	ϕ_2 /(×10⁻⁶/mm)
1	28.35	0.09	0.22	0.14	7	170.10	0.56	5.51	5.53
2	42.00	0.14	0.76	0.46	8	198.45	0.65	6.41	6.32
3	56.70	0.19	1.05	1.21	9	226.80	0.74	9.08	7.63
4	85.05	0.28	2.28	2.28	10	252.00	0.83	10.37	8.63
5	113.40	0.37	3.24	3.51	11	283.50	0.93	11.75	9.82
6	141.75	0.47	4.42	4.39	—	—	—	—	—

表 3.14　试件 JL-9 在各级荷载下的曲率

荷载等级	M /(kN·m)	$\dfrac{M}{M_u}$	ϕ_1 /(×10⁻⁶/mm)	ϕ_2 /(×10⁻⁶/mm)	荷载等级	M /(kN·m)	$\dfrac{M}{M_u}$	ϕ_1 /(×10⁻⁶/mm)	ϕ_2 /(×10⁻⁶/mm)
1	57.75	0.09	0.45	0.19	6	226.80	0.47	5.06	4.53
2	75.60	0.14	1.42	1.04	7	264.60	0.56	6.10	5.57
3	113.40	0.19	2.47	1.90	8	309.75	0.65	7.09	6.71
4	151.20	0.28	3.34	2.75	9	350.70	0.76	8.10	7.69
5	189.00	0.37	4.18	3.58	10	378.00	0.86	8.87	8.25

表 3.15　试件 JL-10 在各级荷载下的曲率

荷载等级	M /(kN·m)	$\dfrac{M}{M_u}$	ϕ_1 /(×10⁻⁶/mm)	ϕ_2 /(×10⁻⁶/mm)	荷载等级	M /(kN·m)	$\dfrac{M}{M_u}$	ϕ_1 /(×10⁻⁶/mm)	ϕ_2 /(×10⁻⁶/mm)
1	32.55	0.10	0.18	0.39	7	195.30	0.56	7.48	5.40
2	55.65	0.16	0.86	0.74	8	227.85	0.65	9.74	6.54
3	65.10	0.19	1.46	1.35	9	260.40	0.75	11.35	7.39
4	97.65	0.28	3.40	2.36	10	286.65	0.82	11.91	8.25
5	130.20	0.37	5.17	3.35	11	325.50	0.93	14.29	9.54
6	162.75	0.47	6.31	4.50	—	—	—	—	—

表 3.16 试件 TL-11 在各级荷载下的曲率

荷载等级	M /(kN·m)	$\dfrac{M}{M_u}$	ϕ_1 /($\times10^{-6}$/mm)	ϕ_2 /($\times10^{-6}$/mm)	荷载等级	M /(kN·m)	$\dfrac{M}{M_u}$	ϕ_1 /($\times10^{-6}$/mm)	ϕ_2 /($\times10^{-6}$/mm)
1	15.75	0.06	0.04	0.46	7	136.50	0.50	5.53	5.40
2	23.10	0.09	0.23	0.60	8	163.80	0.60	7.17	6.43
3	36.75	0.14	0.71	0.86	9	191.10	0.70	7.72	7.69
4	54.60	0.20	1.99	1.86	10	218.40	0.80	9.11	8.83
5	81.90	0.30	2.92	2.99	11	233.10	0.86	9.55	9.35
6	109.20	0.40	4.48	4.13	12	245.70	0.91	10.13	9.88

表 3.17 试件 TL-12 在各级荷载下的曲率

荷载等级	M /(kN·m)	$\dfrac{M}{M_u}$	ϕ_1 /($\times10^{-6}$/mm)	ϕ_2 /($\times10^{-6}$/mm)	荷载等级	M /(kN·m)	$\dfrac{M}{M_u}$	ϕ_1 /($\times10^{-6}$/mm)	ϕ_2 /($\times10^{-6}$/mm)
1	18.90	0.06	0.11	0.08	7	176.40	0.58	3.99	5.57
2	27.30	0.09	0.30	0.08	8	205.80	0.67	5.66	6.79
3	58.80	0.19	1.08	1.19	9	235.20	0.77	6.36	7.57
4	88.20	0.29	1.84	2.31	10	257.25	0.84	7.36	8.17
5	117.60	0.38	2.80	3.44	11	264.60	0.86	7.83	8.57
6	147.00	0.48	3.82	4.79	12	294.00	0.96	8.80	10.11

表 3.18 试件 TL-13 在各级荷载下的曲率

荷载等级	M /(kN·m)	$\dfrac{M}{M_u}$	ϕ_1 /($\times10^{-6}$/mm)	ϕ_2 /($\times10^{-6}$/mm)	荷载等级	M /(kN·m)	$\dfrac{M}{M_u}$	ϕ_1 /($\times10^{-6}$/mm)	ϕ_2 /($\times10^{-6}$/mm)
1	21.00	0.07	0.02	0.14	6	157.50	0.49	3.56	3.57
2	35.70	0.11	0.03	0.32	7	189.00	0.58	4.47	4.32
3	63.00	0.20	1.06	0.86	8	220.50	0.68	5.17	5.24
4	94.50	0.29	1.95	1.69	9	252.00	0.78	5.50	5.90
5	126.00	0.39	2.92	2.68	10	283.50	0.87	6.84	6.71

表 3.19 试件 TL-14 在各级荷载下的曲率

荷载等级	M /(kN·m)	$\dfrac{M}{M_u}$	ϕ_1 /($\times10^{-6}$/mm)	ϕ_2 /($\times10^{-6}$/mm)	荷载等级	M /(kN·m)	$\dfrac{M}{M_u}$	ϕ_1 /($\times10^{-6}$/mm)	ϕ_2 /($\times10^{-6}$/mm)
1	34.65	0.10	0.01	0.21	7	207.90	0.61	4.45	5.40
2	52.50	0.15	0.40	0.47	8	242.55	0.71	5.35	6.28
3	69.30	0.20	0.76	0.92	9	277.20	0.81	5.94	6.86
4	103.95	0.30	2.22	2.44	10	300.30	0.87	6.51	7.64
5	138.60	0.40	3.02	3.46	11	311.85	0.91	6.83	7.94
6	173.25	0.51	3.54	4.39	—	—	—	—	—

3.4.2　刚度

表 3.20 和图 3.9(a)为根据我国《混凝土结构设计规范》(GB 50010—2002)[1]、《无粘结预应力混凝土结构技术规程》(JGJ 92—2004)[6]、《公路钢筋混凝土及预应力混凝土桥涵设计规范》(JTG D62—2004)[7]、《水工混凝土结构设计规范》(SL/T 191—96)[8]、《铁路桥涵钢筋混凝土和预应力混凝土结构设计规范》(TB 10002.3—2005)[9]、《美国混凝土结构设计规范》(ACI 318—08)[10]和《欧洲规范 2:混凝土结构设计 第 1-1 部分:一般规程与建筑设计规程》(EN 1992-1-1:2004)[11]得到的短期刚度计算值与试验结果的对比情况,表 3.21 和图 3.9(b)为跨中挠度实测值与规范计算值的对比情况。可以看出,按照我国《混凝土结构设计规范》(GB 50010—2002)、《公路钢筋混凝土及预应力混凝土桥涵设计规范》(JTG D62—2004)、《美国混凝土结构设计规范》(ACI 318—08)和《欧洲规范 2:混凝土结构设计 第 1-1 部分:一般规程与建筑设计规程》(EN 1992-1-1:2004)得到的计算值与试验结果吻合良好,而按照《无粘结预应力混凝土结构技术规程》(JGJ 92—2004)、《铁路桥涵钢筋混凝土和预应力混凝土结构设计规范》(TB 10002.3—2005)得到的刚度计算结果偏小,挠度计算结果偏大。

表 3.20　纯弯段短期刚度实测值与计算值对比

试件编号	$\dfrac{M}{M_u}$	B_s^t /($\times 10^{12}$ N·mm²)	B_s^c/($\times 10^{12}$ N·mm²)						
			GB 50010	JGJ 92	JTG D62	ACI 318	EN 1992-1-1	SL-T 191	TB 10002.3
JL-1	0.66	15.12	14.49	11.00	15.46	15.29	15.47	15.40	12.02
	0.85	14.66	14.10	10.56	15.29	15.15	15.29	15.40	12.02
JL-2	0.61	21.80	19.56	14.23	20.68	20.47	20.70	21.51	16.06
	0.76	21.23	19.07	13.73	20.47	20.28	20.48	21.51	16.06
JL-3	0.57	21.42	19.93	14.92	21.02	20.79	21.04	21.41	16.27
	0.69	20.84	19.43	14.39	20.79	20.59	20.80	21.41	16.27
JL-4	0.67	27.74	24.58	19.38	26.91	26.68	26.93	24.86	21.22
	0.84	27.20	24.19	18.93	26.77	26.61	26.78	24.86	21.22
JL-5	0.65	28.66	34.67	25.74	37.71	37.38	37.73	35.30	29.74
	0.79	29.62	34.13	25.16	37.53	37.28	37.54	35.30	29.74
JL-6	0.67	12.36	13.55	12.28	14.42	14.31	14.43	14.30	11.07
	0.84	12.45	13.18	11.76	14.21	14.08	14.21	14.30	11.07
JL-7	0.66	21.26	20.86	15.11	21.69	21.52	21.72	23.43	16.60
	0.81	21.19	20.19	14.43	21.36	21.16	21.38	23.43	16.60

续表

试件编号	$\dfrac{M}{M_u^t}$	B_s^t /($\times10^{12}$N·mm²)	B_s^c/($\times10^{12}$N·mm²)						
			GB 50010	JGJ 92	JTG D62	ACI 318	EN 1992-1-1	SL-T 191	TB 10002.3
JL-8	0.65	31.40	25.80	20.38	27.87	27.58	27.89	26.33	21.85
	0.82	29.22	25.26	19.75	27.65	27.44	27.66	26.33	21.85
JL-9	0.65	47.51	37.82	28.98	40.28	39.86	40.31	40.18	31.44
	0.86	45.58	36.73	27.82	39.85	39.54	39.87	40.18	31.44
JL-10	0.65	34.83	34.30	27.92	36.20	35.85	36.23	36.58	28.00
	0.82	34.75	33.33	26.81	35.75	35.43	35.77	36.58	28.00
TL-11	0.60	25.47	22.35	20.84	25.17	24.92	25.18	21.57	19.78
	0.80	24.72	22.05	20.20	24.97	24.81	24.98	21.57	19.78
TL-12	0.68	30.30	30.33	27.98	34.43	34.11	34.45	29.56	27.09
	0.85	31.50	29.90	27.30	34.23	33.99	34.24	29.56	27.09
TL-13	0.68	42.11	31.03	30.06	34.90	34.54	34.93	30.54	27.27
	0.87	42.42	30.35	29.00	34.58	34.30	34.59	30.54	27.27
TL-14	0.61	38.48	38.49	36.53	41.94	41.78	41.99	40.11	31.85
	0.81	40.40	36.89	34.34	40.98	40.65	41.01	40.11	31.85
B_s^t/B_s^c	μ		1.086	1.337	0.997	1.006	0.997	1.035	1.275
	δ		0.119	0.138	0.113	0.113	0.113	0.139	0.112

注：B_s^t 和 B_s^c 分别为短期抗弯刚度实测值和规范计算值，$B_s^t=M/\phi_2$。

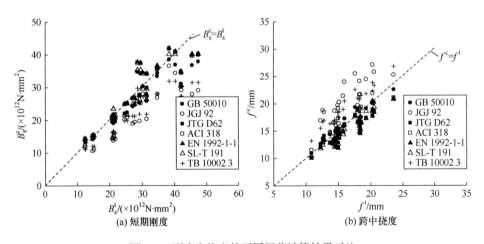

(a) 短期刚度　　　　　　　　(b) 跨中挠度

图 3.9　刚度和挠度的不同规范计算结果对比

表 3.21 跨中挠度实测值与计算值对比

试件编号	$\frac{M}{M_u^t}$	f^t/mm	f^c/mm						
			GB 50010	JGJ 92	JTG D62	ACI 318	EN 1992-1-1	SL-T 191	TB 10002.3
JL-1	0.66	15.14	15.38	20.26	14.42	14.58	14.40	14.47	18.53
	0.85	20.30	20.31	27.12	18.74	18.91	18.73	18.61	23.83
JL-2	0.61	12.58	13.67	18.79	12.93	13.07	12.92	12.43	16.65
	0.76	15.95	17.25	23.96	16.07	16.22	16.06	15.29	20.48
JL-3	0.57	12.24	12.67	16.93	12.01	12.15	12.00	11.80	15.53
	0.69	15.74	15.83	21.39	14.80	14.95	14.79	14.38	18.92
JL-4	0.67	15.00	15.11	19.16	13.80	13.92	13.79	14.94	17.50
	0.84	19.30	19.13	24.44	17.28	17.39	17.27	18.61	21.80
JL-5	0.65	14.98	12.85	17.31	11.82	11.92	11.81	12.63	14.99
	0.79	18.35	15.98	21.68	14.53	14.63	14.53	15.45	18.34
JL-6	0.67	18.52	17.54	19.36	16.48	16.61	16.47	16.62	21.47
	0.84	23.58	22.54	25.27	20.92	21.10	20.90	20.78	26.83
JL-7	0.66	14.43	13.53	18.68	13.01	13.12	13.00	12.05	17.00
	0.81	18.27	17.24	24.11	16.29	16.45	16.28	14.85	20.96
JL-8	0.65	14.93	15.54	19.68	14.39	14.54	14.38	15.24	18.36
	0.82	20.55	20.16	25.79	18.42	18.56	18.41	19.35	23.32
JL-9	0.65	12.78	14.14	18.45	13.28	13.42	13.27	13.31	17.01
	0.86	17.58	19.30	25.48	17.79	17.93	17.78	17.64	22.54
JL-10	0.65	14.25	13.43	16.49	12.72	12.85	12.71	12.59	16.45
	0.82	18.23	17.38	21.61	16.21	16.35	16.20	15.84	20.69
TL-11	0.60	14.66	14.81	15.89	13.15	13.28	13.15	15.35	16.74
	0.80	20.30	20.02	21.86	17.68	17.79	17.67	20.46	22.32
TL-12	0.68	14.60	13.71	14.87	12.08	12.19	12.07	14.07	15.35
	0.85	18.38	17.39	19.05	15.19	15.30	15.19	17.59	19.19
TL-13	0.68	13.72	14.36	14.82	12.77	12.90	12.76	14.59	16.34
	0.87	17.98	18.88	19.70	16.57	16.71	16.56	18.76	21.01
TL-14	0.61	10.84	10.92	11.50	10.02	10.06	10.01	10.48	13.19
	0.81	15.07	15.19	16.32	13.67	13.78	13.66	13.97	17.59
f^t/f^c	μ		1.009	0.827	1.099	1.089	1.100	1.062	0.860
	δ		0.064	0.121	0.070	0.071	0.070	0.075	0.074

注：f^t 和 f^c 分别为跨中挠度实测值和规范计算值。

3.5 裂　　缝

3.5.1 裂缝间距和裂缝宽度试验结果

各试件的平均裂缝间距和裂缝宽度见表3.22～表3.36。可以看出：

（1）平均裂缝间距在100～190mm（其中，大部分试件平均裂缝间距为130～160mm）。

（2）不同位置处的裂缝宽度都随荷载水平的提高而增大。

（3）试件底面边缘处的裂缝宽度大于侧面纵筋水平位置处的裂缝宽度。

（4）当加载至$0.6P_u$时，裂缝宽度均值为0.1～0.2mm，变异系数为0.3～0.4。

（5）混凝土保护层厚度较大的试件平均裂缝宽度较大。

表 3.22　平均裂缝间距　　　　　　　　（单位：mm）

试件编号	正面	反面	底面	正反面平均	总平均
JL-1	121	122	128	122	124
JL-2	140	142	139	141	140
JL-3	173	149	163	161	162
JL-4	150	141	136	146	142
JL-5	105	106	103	105	105
JL-6	189	170	183	184	184
JL-7	138	131	128	134	132
JL-8	139	149	139	144	142
JL-9	130	129	131	130	130
JL-10	167	180	182	173	176
TL-11	129	127	130	128	128
TL-12	149	123	125	134	131
TL-13	158	155	158	156	157
TL-14	178	201	186	188	187

表 3.23　试件 JL-1 在各工况下的纯弯段平均裂缝宽度及其变异系数

荷载/kN	w_2/mm	δ_2	w_3/mm	δ_3	w_4/mm	δ_4	w_5/mm	δ_5	w_7/mm	δ_7
45	0.040	0.432	0.055	0.288	0.048	0.389	0.048	0.337	0.049	0.309
60	0.062	0.449	0.084	0.293	0.074	0.368	0.074	0.371	0.073	0.282
75	0.086	0.535	0.118	0.395	0.093	0.443	0.082	0.455	0.093	0.359
90	0.104	0.449	0.156	0.309	0.132	0.308	0.126	0.371	0.128	0.326
105	0.123	0.394	0.168	0.291	0.160	0.313	0.166	0.349	0.147	0.357
120	0.145	0.410	0.201	0.297	0.192	0.337	0.196	0.352	0.181	0.354

表 3.24　试件 JL-2 在各工况下的纯弯段平均裂缝宽度及其变异系数

荷载/kN	w_2/mm	δ_2	w_3/mm	δ_3	w_4/mm	δ_4	w_5/mm	δ_5	w_6/mm	δ_6	w_7/mm	δ_7
29	0.018	0.502	0.028	0.303	0.030	0.398	0.031	0.317	0.026	0.344	—	—
36	0.030	0.377	0.040	0.432	0.042	0.386	0.035	0.312	0.035	0.425	0.042	0.181
54	0.044	0.340	0.061	0.357	0.074	0.357	0.071	0.236	0.063	0.286	0.056	0.400
72	0.063	0.376	0.095	0.300	0.103	0.200	0.101	0.262	0.091	0.289	0.079	0.330
90	0.096	0.367	0.130	0.322	0.136	0.327	0.123	0.217	0.131	0.284	0.115	0.345
108	0.127	0.301	0.172	0.302	0.172	0.403	0.158	0.272	0.160	0.315	0.139	0.370
126	0.148	0.248	0.208	0.300	0.197	0.374	0.190	0.344	0.193	0.283	0.185	0.359
144	0.172	0.266	0.236	0.291	0.234	0.407	0.227	0.298	0.213	0.324	0.203	0.383

表 3.25　试件 JL-3 在各工况下的纯弯段平均裂缝宽度及其变异系数

荷载/kN	w_2/mm	δ_2	w_3/mm	δ_3	w_4/mm	δ_4	w_5/mm	δ_5	w_7/mm	δ_7
51	0.047	0.327	0.065	0.349	0.071	0.361	0.069	0.425	0.083	0.450
68	0.059	0.343	0.093	0.372	0.088	0.435	0.088	0.349	0.094	0.443
85	0.087	0.409	0.128	0.377	0.123	0.359	0.116	0.368	0.129	0.444
102	0.113	0.377	0.154	0.395	0.142	0.373	0.132	0.477	0.156	0.414
119	0.127	0.387	0.198	0.362	0.189	0.428	0.181	0.503	0.201	0.407
136	0.165	0.357	0.243	0.333	0.257	0.418	0.238	0.444	0.263	0.307
145	0.177	0.385	0.265	0.367	0.291	0.355	0.251	0.416	0.313	0.360

表 3.26　试件 JL-4 在各工况下的纯弯段平均裂缝宽度及其变异系数

荷载/kN	w_2/mm	δ_2	w_3/mm	δ_3	w_4/mm	δ_4	w_5/mm	δ_5	w_6/mm	δ_6	w_7/mm	δ_7
50	0.033	0.707	0.060	0.592	0.036	0.394	0.023	0.560	0.021	0.285	0.023	0.394
75	0.057	0.342	0.079	0.420	0.092	0.708	0.071	0.570	0.068	0.686	0.064	0.719
100	0.076	0.359	0.111	0.306	0.128	0.417	0.089	0.423	0.093	0.458	0.086	0.448
125	0.100	0.281	0.146	0.289	0.163	0.309	0.129	0.519	0.126	0.454	0.108	0.336
150	0.132	0.281	0.192	0.258	0.191	0.277	0.154	0.432	0.162	0.364	0.127	0.382
175	0.148	0.271	0.217	0.274	0.230	0.331	0.189	0.365	0.194	0.330	0.160	0.341
200	0.176	0.285	0.273	0.244	0.257	0.358	0.219	0.380	0.219	0.358	0.202	0.358

表 3.27 试件 JL-5 在各工况下的纯弯段平均裂缝宽度及其变异系数

荷载/kN	w_1/mm	δ_1	w_2/mm	δ_2	w_3/mm	δ_3	w_4/mm	δ_4
60	0.015	0.471	0.018	0.403	0.041	0.301	0.036	0.228
90	0.043	0.521	0.038	0.416	0.060	0.324	0.074	0.215
120	0.060	0.406	0.056	0.348	0.088	0.293	0.105	0.279
150	0.079	0.392	0.081	0.350	0.119	0.257	0.127	0.258
180	0.101	0.384	0.105	0.330	0.171	0.351	0.156	0.329
210	0.113	0.393	0.119	0.296	0.184	0.347	0.198	0.322

荷载/kN	w_5/mm	δ_5	w_6/mm	δ_6	w_7/mm	δ_7	—	—
60	0.028	0.297	0.026	0.379	0.025	0.389	—	—
90	0.065	0.205	0.061	0.283	0.065	0.310	—	—
120	0.091	0.293	0.086	0.314	0.082	0.294	—	—
150	0.111	0.316	0.112	0.273	0.106	0.365	—	—
180	0.135	0.331	0.127	0.358	0.117	0.425	—	—
210	0.166	0.350	0.145	0.333	0.145	0.373	—	—

表 3.28 试件 JL-6 在各工况下的纯弯段平均裂缝宽度及其变异系数

荷载/kN	w_2/mm	δ_2	w_3/mm	δ_3	w_4/mm	δ_4	w_5/mm	δ_5	w_7/mm	δ_7
32	0.025	0.367	0.049	0.350	0.041	0.381	0.038	0.482	0.049	0.415
48	0.044	0.416	0.085	0.441	0.070	0.447	0.071	0.438	0.071	0.375
64	0.087	0.431	0.134	0.388	0.167	0.230	0.145	0.291	0.152	0.328
80	0.121	0.503	0.172	0.491	0.222	0.385	0.172	0.375	0.187	0.304
96	0.141	0.417	0.235	0.456	0.295	0.342	0.243	0.387	0.242	0.388
112	0.171	0.356	0.308	0.458	0.352	0.323	0.349	0.380	0.285	0.427
128	0.212	0.347	0.364	0.423	0.422	0.293	0.405	0.340	0.336	0.365

表 3.29 试件 JL-7 在各工况下的纯弯段平均裂缝宽度及其变异系数

荷载/kN	w_2/mm	δ_2	w_3/mm	δ_3	w_4/mm	δ_4	w_5/mm	δ_5	w_6/mm	δ_6	w_7/mm	δ_7
57	0.018	0.339	0.033	0.182	0.030	0.333	0.024	0.266	0.022	0.203	0.020	0.707
76	0.077	0.512	0.099	0.413	0.096	0.315	0.064	0.353	0.052	0.322	0.051	0.341
95	0.125	0.471	0.155	0.408	0.137	0.265	0.092	0.422	0.092	0.311	0.083	0.305
114	0.175	0.437	0.203	0.363	0.171	0.319	0.123	0.389	0.118	0.326	0.101	0.242
133	0.206	0.483	0.251	0.352	0.189	0.414	0.155	0.304	0.155	0.324	0.139	0.273
152	0.241	0.475	0.282	0.381	0.243	0.388	0.182	0.308	0.193	0.252	0.176	0.257
164	0.284	0.447	0.333	0.384	0.289	0.419	0.227	0.291	0.232	0.215	0.217	0.326

表 3.30 试件 JL-8 在各工况下的纯弯段平均裂缝宽度及其变异系数

荷载 /kN	w_2 /mm	δ_2	w_3 /mm	δ_3	w_4 /mm	δ_4	w_5 /mm	δ_5	w_6 mm	δ_6	w_7 /mm	δ_7
54	0.033	0.648	0.038	0.337	0.034	0.555	0.037	0.338	0.038	0.345	0.035	0.350
81	0.043	0.496	0.077	0.355	0.058	0.322	0.063	0.500	0.071	0.351	0.070	0.233
108	0.074	0.384	0.119	0.312	0.095	0.331	0.089	0.475	0.102	0.250	0.110	0.380
135	0.109	0.363	0.165	0.340	0.140	0.291	0.129	0.362	0.138	0.308	0.131	0.378
162	0.118	0.360	0.190	0.274	0.181	0.263	0.168	0.385	0.173	0.268	0.189	0.273
189	0.136	0.363	0.215	0.303	0.218	0.259	0.201	0.311	0.215	0.250	0.217	0.264
216	0.161	0.348	0.243	0.290	0.276	0.258	0.242	0.358	0.248	0.298	0.235	0.319

表 3.31 试件 JL-9 在各工况下的纯弯段平均裂缝宽度及其变异系数

荷载 /kN	w_2 /mm	δ_2	w_3 /mm	δ_3	w_4 /mm	δ_4	w_5 /mm	δ_5	w_6 /mm	δ_6	w_7 /mm	δ_7
72	0.039	0.255	0.050	0.338	0.039	0.376	0.029	0.315	0.036	0.391	0.043	0.377
108	0.053	0.403	0.066	0.409	0.073	0.331	0.054	0.432	0.068	0.352	0.067	0.348
144	0.078	0.404	0.093	0.366	0.092	0.328	0.068	0.318	0.096	0.261	0.088	0.330
180	0.081	0.540	0.110	0.370	0.116	0.264	0.087	0.299	0.107	0.368	0.108	0.367
216	0.103	0.485	0.138	0.386	0.137	0.308	0.108	0.383	0.142	0.355	0.138	0.319
252	0.126	0.432	0.177	0.388	0.158	0.329	0.138	0.330	0.154	0.354	0.152	0.403
295	0.152	0.419	0.204	0.350	0.220	0.309	0.174	0.328	0.179	0.442	0.191	0.379

表 3.32 试件 JL-10 在各工况下的纯弯段平均裂缝宽度及其变异系数

荷载 /kN	w_2 /mm	δ_2	w_3 /mm	δ_3	w_4 /mm	δ_4	w_5 /mm	δ_5	w_6 /mm	δ_6	w_7 /mm	δ_7
62	0.037	0.408	0.060	0.266	0.063	0.255	0.053	0.322	0.060	0.211	0.054	0.281
93	0.077	0.429	0.113	0.335	0.098	0.435	0.088	0.445	0.090	0.325	0.089	0.322
124	0.110	0.415	0.161	0.328	0.162	0.299	0.143	0.424	0.149	0.363	0.138	0.271
155	0.156	0.349	0.229	0.330	0.225	0.202	0.225	0.204	0.215	0.221	0.203	0.277
186	0.188	0.368	0.281	0.301	0.271	0.249	0.265	0.293	0.266	0.275	0.258	0.347
217	0.236	0.383	0.325	0.294	0.338	0.274	0.310	0.351	0.343	0.223	0.291	0.317

表 3.33 试件 TL-11 在各工况下的纯弯段平均裂缝宽度及其变异系数

荷载 /kN	w_2 /mm	δ_2	w_3 /mm	δ_3	w_4 /mm	δ_4	w_5 /mm	δ_5	w_6 /mm	δ_6	w_7 /mm	δ_7
52	0.031	0.302	0.047	0.367	0.051	0.341	0.039	0.429	0.048	0.298	0.041	0.386
78	0.057	0.527	0.072	0.315	0.087	0.339	0.066	0.344	0.074	0.408	0.066	0.325

荷载 /kN	w_2 /mm	δ_2	w_3 /mm	δ_3	w_4 /mm	δ_4	w_5 /mm	δ_5	w_6 /mm	δ_6	w_7 /mm	δ_7
104	0.076	0.507	0.104	0.326	0.128	0.298	0.103	0.357	0.111	0.247	0.092	0.314
130	0.094	0.453	0.138	0.348	0.168	0.288	0.125	0.295	0.137	0.252	0.123	0.331
156	0.129	0.406	0.163	0.373	0.200	0.264	0.152	0.281	0.171	0.288	0.158	0.256
182	0.148	0.400	0.201	0.336	0.229	0.249	0.175	0.265	0.201	0.264	0.179	0.257

表 3.34　试件 TL-12 在各工况下的纯弯段平均裂缝宽度及其变异系数

荷载/kN	w_1/mm	δ_1	w_2/mm	δ_2	w_3/mm	δ_3	w_4/mm	δ_4
56	0.010	0.408	0.015	0.473	0.020	0.327	0.043	0.248
84	0.026	0.560	0.032	0.577	0.047	0.561	0.084	0.281
112	0.041	0.460	0.054	0.375	0.079	0.334	0.105	0.260
140	0.070	0.454	0.085	0.343	0.111	0.283	0.126	0.345
168	0.095	0.366	0.105	0.344	0.145	0.335	0.156	0.293
196	0.112	0.337	0.129	0.348	0.177	0.360	0.200	0.347

荷载/kN	w_5/mm	δ_5	w_6/mm	δ_6	w_7/mm	δ_7	—	—
56	0.039	0.384	—	—	0.043	0.157	—	—
84	0.072	0.379	0.076	0.409	0.063	0.375	—	—
112	0.094	0.295	0.094	0.309	0.089	0.377	—	—
140	0.137	0.371	0.133	0.264	0.132	0.264	—	—
168	0.144	0.332	0.162	0.253	0.153	0.264	—	—
196	0.182	0.313	0.193	0.291	0.184	0.354	—	—

表 3.35　试件 TL-13 在各工况下的纯弯段平均裂缝宽度及其变异系数

荷载/kN	w_2/mm	δ_2	w_3/mm	δ_3	w_4/mm	δ_4	w_5/mm	δ_5	w_7/mm	δ_7
60	0.039	0.460	0.040	0.579	0.058	0.421	0.048	0.291	0.046	0.382
90	0.055	0.368	0.071	0.427	0.099	0.357	0.074	0.371	0.088	0.322
120	0.081	0.405	0.101	0.342	0.135	0.373	0.103	0.376	0.111	0.317
150	0.123	0.298	0.178	0.344	0.186	0.447	0.134	0.355	0.144	0.320
180	0.146	0.273	0.222	0.320	0.218	0.491	0.159	0.345	0.182	0.390
210	0.182	0.259	0.259	0.431	0.259	0.467	0.185	0.396	0.213	0.290

表 3.36　试件 TL-14 在各工况下的纯弯段平均裂缝宽度及其变异系数

荷载 /kN	w_2 /mm	δ_2	w_3 /mm	δ_3	w_4 /mm	δ_4	w_5 /mm	δ_5	w_6 /mm	δ_6	w_7 /mm	δ_7
66	0.028	0.502	0.048	0.299	0.043	0.477	0.040	0.177	0.035	0.286	0.033	0.582
99	0.066	0.404	0.119	0.319	0.107	0.257	0.107	0.229	0.106	0.223	0.114	0.339
132	0.111	0.303	0.187	0.285	0.182	0.294	0.164	0.219	0.175	0.350	0.177	0.351
165	0.153	0.280	0.252	0.241	0.214	0.302	0.238	0.204	0.232	0.309	0.223	0.433
198	0.175	0.263	0.285	0.236	0.276	0.285	0.278	0.197	0.287	0.339	0.264	0.367
231	0.210	0.235	0.346	0.290	0.316	0.312	0.315	0.225	0.340	0.326	0.322	0.354

3.5.2　裂缝形态分析

各试件的裂缝展开形态如图 3.10～图 3.23 所示。可以看出：

（1）试件 JL-2 和 JL-3 截面尺寸相同,且底面混凝土保护层厚度均为 30mm,纵向受拉钢筋配筋率分别为 0.84% 和 0.87%（试件 JL-2 配置 3Φ^F20 钢筋,JL-3 配置 2Φ^F25 钢筋）,由图 3.11 和图 3.12 对比可知,试件 JL-2 的裂缝明显多于 JL-3。

（2）试件 JL-6 与 JL-10 的截面尺寸分别为 250mm×400mm 和 300mm×

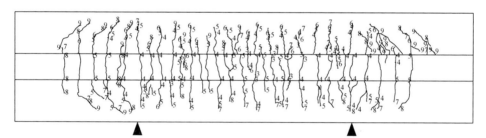

图 3.10　试件 JL-1 的裂缝形态

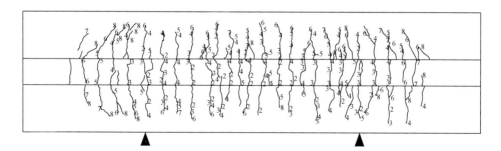

图 3.11　试件 JL-2 的裂缝形态

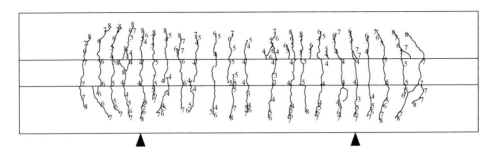

图 3.12　试件 JL-3 的裂缝形态

500mm,分别配置 2亚F25 和 3亚F25mm 的纵向受拉钢筋(配筋率相同),底面混凝土保护层厚度均为 50mm,侧面保护层厚度分别为 25mm 和 50mm。由图 3.15和图 3.19对比可知,尽管 JL-6 局部出现了一些沿纵筋方向的次生裂缝,但两个试件的裂缝数目大致相当。因此,侧面混凝土保护层厚度对裂缝间距的影响不明显。

(3) 试件 JL-3 与 JL-6 配筋相同,但 JL-6 的混凝土保护层厚度显著大于 JL-3,由图 3.12 与图 3.15 对比可知,JL-6 纯弯段的裂缝数目略少于 JL-3。

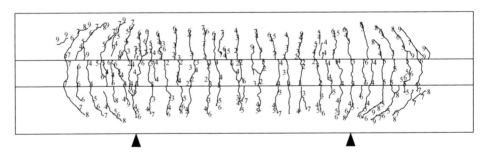

图 3.13　试件 JL-4 的裂缝形态

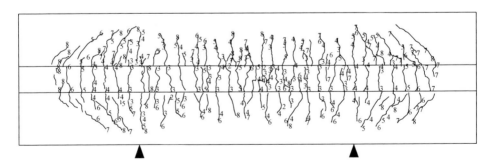

图 3.14　试件 JL-5 的裂缝形态

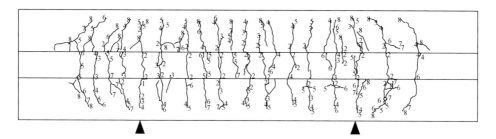

图 3.15　试件 JL-6 的裂缝形态

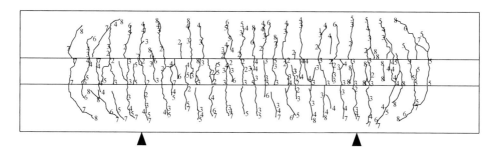

图 3.16　试件 JL-7 的裂缝形态

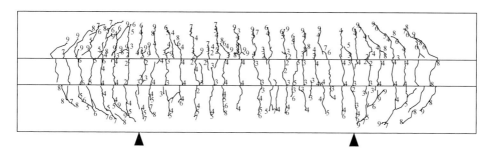

图 3.17　试件 JL-8 的裂缝形态

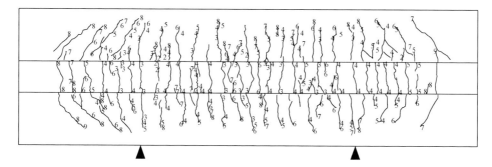

图 3.18　试件 JL-9 的裂缝形态

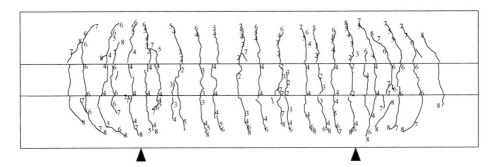

图 3.19　试件 JL-10 的裂缝形态

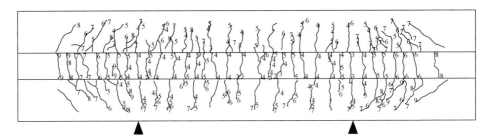

图 3.20　试件 TL-11 的裂缝形态

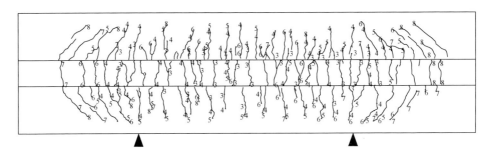

图 3.21　试件 TL-12 的裂缝形态

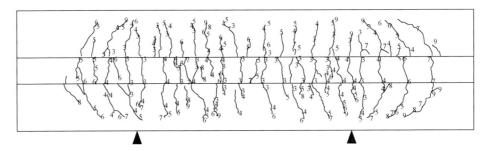

图 3.22　试件 TL-13 的裂缝形态

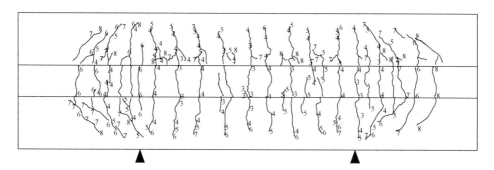

图 3.23　试件 TL-14 的裂缝形态

3.5.3　不同位置处的裂缝宽度分析

1. 不同位置处裂缝宽度比较

图 3.24 给出了各试件典型位置处平均裂缝宽度随弯矩变化的情况。可以看出：

（1）各位置处的裂缝宽度基本随弯矩的增长而线性增大。

（2）侧面纵向受拉钢筋水平位置处的裂缝宽度 w_2 小于其他位置处的裂缝宽度，并且当配置双层钢筋时，上层钢筋位置处的裂缝宽度略小于底层钢筋位置处的裂缝宽度。

（3）除个别试件外，侧面边缘处裂缝宽度 w_3 与底面边缘处裂缝宽度 w_4 大致相当，且较其他位置处的裂缝宽度偏大。

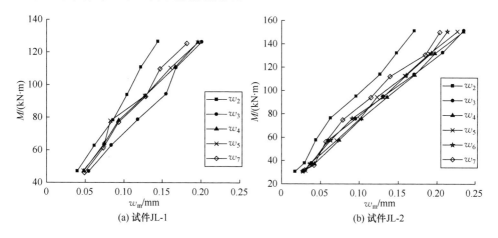

(a) 试件 JL-1　　　　　　　　　　(b) 试件 JL-2

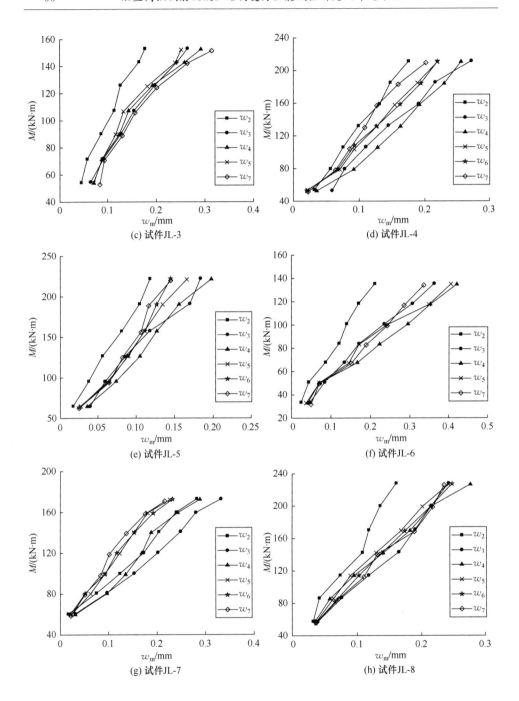

(c) 试件JL-3

(d) 试件JL-4

(e) 试件JL-5

(f) 试件JL-6

(g) 试件JL-7

(h) 试件JL-8

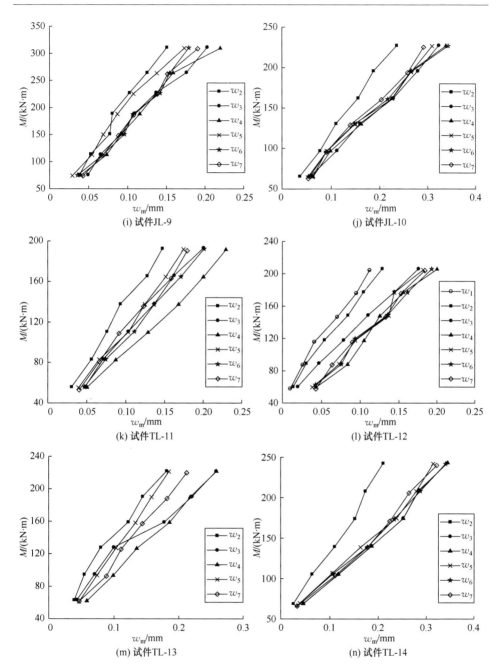

图 3.24　不同测点位置处的平均裂缝宽度与弯矩之间的关系

2. 侧面边缘处与纵筋水平位置处裂缝宽度之间的关系

由本次试验结果可知,在所有裂缝量测点中,侧面纵筋水平位置处的裂缝宽度最小,而底面边缘处的裂缝宽度较大,两者相差较多。Base 等[12]和 Frosch[13]的研究成果指出,受弯构件侧面不同水平位置处的裂缝宽度与裂缝至截面中和轴的距离成正比,底面边缘处的裂缝宽度 w_4 与侧面纵筋位置处的裂缝宽度 w_2 之间存在如下关系:

$$w_4 = \alpha w_2 = \frac{h-x}{h_0-x} w_2 \tag{3.2}$$

式中,x 为混凝土受压区高度;h 为梁高;h_0 为钢筋重心至混凝土受压边缘的距离,即有效高度。

Frosch[13]给出了参数 α 的简化计算公式

$$\alpha = 1.0 + 0.003 d_c \tag{3.3}$$

式中,d_c 为钢筋重心至混凝土受拉边缘的距离。

Gergely 等[14]则认为,底面边缘处的裂缝宽度与侧面纵筋处的裂缝宽度之比 α 可以通过式(3.4)计算得到:

$$\alpha = \left[1 + \frac{2d_s}{3(h_0-x)} \right] \frac{h-x}{h_0-x} \tag{3.4}$$

式中,d_s 为构件侧面到最近的受拉钢筋形心的距离。

同时,Beeby[15]的研究成果指出,存在两种模式的裂缝:一种是离钢筋较远处的裂缝,这种裂缝穿过中和轴,裂缝宽度和裂缝间距均与初始裂缝高度($h-x$)成正比;另一种则是位于钢筋正下方的裂缝,裂缝宽度与裂缝到钢筋之间的距离大致呈线性关系。现综合考虑这两种模式的影响,假设

$$\alpha = \frac{\dfrac{h-x}{h_0-x} + \dfrac{\sqrt{c^2+c_s^2}}{c_s}}{2} \tag{3.5}$$

式中,c_s 为最外排受拉纵筋到构件侧面的距离。

利用式(3.2)~式(3.5)得到梁底面边缘处的平均裂缝宽度与试验值的对比结果,见表3.37。可以看出,三种公式计算值都比试验值偏小,公式(3.5)的预测效果最好。

表 3.37　底面边缘处平均裂缝宽度计算值与试验值对比

$w^c_{4,m}/w^t_{4,m}$	式(3.2)	式(3.3)	式(3.4)	式(3.5)
μ	0.840	0.785	0.928	0.978
δ	0.176	0.190	0.184	0.173

注:$w^c_{4,m}$ 和 $w^t_{4,m}$ 分别为底面边缘处平均裂缝宽度计算值和试验值,$w^c_{4,m}=\alpha w^t_{2,m}$;$w^t_{2,m}$ 为侧面纵筋水平位置处的平均裂缝宽度试验值。

3.5.4　裂缝宽度统计分析

以各级荷载下裂缝宽度实测值与其均值之比 w^{t}/w_{m}^{t} 为统计变量,作 Kolmogorov-Smirnov检验,显著性水平取为 0.05,得到样本的检验结果见表 3.38。除试件 JL-9 和 TL-13 外,其余试件的 w^{t}/w_{m}^{t} 大致服从正态分布,变异系数 δ 均值为 0.383。现取 $\delta=0.4$,得到裂缝宽度扩大系数 τ_{s} 为

$$\tau_{s}=1.0+1.645\times0.4\approx1.66 \tag{3.6}$$

表 3.38　侧面纵筋位置处裂缝宽度与其均值之比的正态分布检验结果

试件编号	样本数	μ	δ	双尾渐近概率 P	是否可以接受正态分布假设
JL-1	189	1.000	0.412	0.247	是
JL-2	133	1.000	0.296	0.679	是
JL-3	105	1.000	0.455	0.459	是
JL-4	165	1.000	0.293	0.531	是
JL-5	118	1.000	0.323	0.595	是
JL-6	103	1.000	0.403	0.523	是
JL-7	154	1.000	0.463	0.654	是
JL-8	177	1.000	0.359	0.147	是
JL-9	197	1.000	0.456	0.002	否
JL-10	99	1.000	0.372	0.794	是
TL-11	167	1.000	0.453	0.119	是
TL-12	108	1.000	0.341	0.088	是
TL-13	109	1.000	0.468	0.040	否
TL-14	98	1.000	0.267	0.109	是

图 3.25 和图 3.26 分别为试件 JL-2 和 JL-9 的 w^{t}/w_{m}^{t} 频数分布统计直方图。

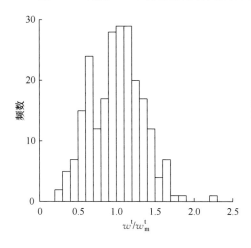

图 3.25　试件 JL-2 的 w^{t}/w_{m}^{t} 分布

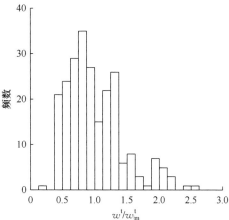

图 3.26　试件 JL-9 的 w^{t}/w_{m}^{t} 分布

可以看出，对于试件 JL-2，w^t/w^t_m 服从正态分布，而试件 JL-9 的 w^t/w^t_m 不服从正态分布。

3.5.5 试验值与规范计算值对比

按《混凝土结构设计规范》(GB 50010—2002)裂缝宽度公式计算值和本次试验实测值的对比结果，见表 3.39、图 3.27～图 3.29。可以看出，平均裂缝间距计算值比试验值略大(不到 10%)，而平均裂缝宽度计算值比试验值大 55%，最大裂缝宽度计算值比试验值大 59%，即应用《混凝土结构设计规范》(GB 50010—2002)公式计算配 500MPa 级钢筋的混凝土梁的裂缝宽度将偏大较多；另外，当钢筋应力有较大幅度增长时，裂缝宽度计算值与试验值之比的变化幅度却并不明显。

表 3.39　裂缝间距和宽度计算值与试验值对比

试件编号	σ_s /MPa	l^t_{cr} /mm	l^c_{cr} /mm	w^t_m /mm	w^c_m /mm	w^t_{max} /mm	w^c_{max} /mm	$\dfrac{l^c_{cr}}{l^t_{cr}}$	$\dfrac{w^c_m}{w^t_m}$	$\dfrac{w^c_{max}}{w^t_{max}}$
JL-1	214			0.062	0.100	0.108	0.166		1.61	1.54
	267			0.086	0.136	0.161	0.225		1.58	1.40
	321	121	142	0.104	0.171	0.181	0.284	1.17	1.64	1.57
	374			0.123	0.206	0.202	0.343		1.68	1.70
	428			0.145	0.242	0.243	0.402		1.67	1.65
JL-2	282			0.096	0.150	0.154	0.249		1.56	1.62
	338			0.127	0.190	0.190	0.316		1.50	1.66
	394	141	153	0.148	0.231	0.209	0.383	1.08	1.56	1.84
	450			0.172	0.271	0.247	0.450		1.58	1.82
JL-3	257			0.087	0.153	0.145	0.254		1.77	1.75
	308			0.113	0.195	0.183	0.324		1.73	1.77
	360	160	173	0.127	0.237	0.208	0.393	1.08	1.86	1.89
	411			0.165	0.278	0.263	0.462		1.68	1.76
	438			0.177	0.300	0.289	0.499		1.70	1.72
JL-4	205			0.076	0.111	0.121	0.184		1.46	1.53
	256			0.100	0.147	0.147	0.243		1.46	1.66
	308	145	149	0.132	0.182	0.192	0.302	1.02	1.38	1.57
	359			0.148	0.218	0.215	0.362		1.47	1.69
	410			0.176	0.253	0.259	0.421		1.44	1.62
JL-5	268			0.081	0.143	0.128	0.237		1.76	1.86
	321	105	145	0.105	0.179	0.162	0.297	1.37	1.71	1.84
	375			0.119	0.215	0.177	0.357		1.81	2.02

续表

试件编号	σ_s /MPa	l_{cr}^t /mm	l_{cr}^c /mm	w_m^t /mm	w_m^c /mm	w_{max}^t /mm	w_{max}^c /mm	$\dfrac{l_{cr}^c}{l_{cr}^t}$	$\dfrac{w_m^c}{w_m^t}$	$\dfrac{w_{max}^t}{w_{max}^c}$
JL-6	233	184	197	0.087	0.141	0.148	0.235	1.07	1.63	1.58
	291			0.121	0.195	0.221	0.324		1.61	1.47
	350			0.141	0.249	0.238	0.413		1.76	1.74
	408			0.171	0.302	0.272	0.502		1.77	1.85
	466			0.212	0.356	0.333	0.591		1.68	1.77
JL-7	296	134	151	0.125	0.143	0.221	0.238	1.12	1.15	1.07
	356			0.175	0.185	0.302	0.307		1.05	1.02
	415			0.206	0.227	0.369	0.376		1.10	1.02
	474			0.241	0.269	0.430	0.446		1.11	1.04
	512			0.284	0.295	0.492	0.490		1.04	1.00
JL-8	222	144	150	0.074	0.114	0.121	0.190	1.05	1.54	1.56
	278			0.109	0.153	0.174	0.255		1.40	1.46
	333			0.118	0.192	0.188	0.319		1.63	1.70
	389			0.136	0.231	0.217	0.384		1.70	1.77
	444			0.161	0.271	0.253	0.449		1.68	1.77
JL-9	201	130	150	0.078	0.098	0.130	0.162	1.15	1.25	1.25
	251			0.081	0.133	0.153	0.220		1.63	1.44
	302			0.103	0.168	0.186	0.278		1.62	1.50
	352			0.126	0.203	0.216	0.336		1.61	1.56
	412			0.152	0.245	0.258	0.406		1.60	1.58
JL-10	233	173	199	0.110	0.142	0.186	0.236	1.15	1.29	1.27
	291			0.156	0.197	0.246	0.326		1.26	1.32
	349			0.188	0.251	0.303	0.416		1.33	1.37
	407			0.236	0.305	0.385	0.506		1.29	1.31
TL-11	179	128	127	0.057	0.082	0.106	0.137	0.99	1.46	1.30
	239			0.076	0.118	0.139	0.196		1.55	1.41
	299			0.094	0.153	0.164	0.254		1.63	1.55
	359			0.129	0.189	0.215	0.313		1.46	1.45
	418			0.148	0.224	0.246	0.372		1.51	1.51
TL-12	284	134	130	0.085	0.146	0.133	0.243	0.97	1.72	1.83
	341			0.105	0.181	0.164	0.300		1.72	1.82
	398			0.129	0.215	0.202	0.357		1.67	1.76

续表

试件编号	σ_s /MPa	l_{cr}^t /mm	l_{cr}^c /mm	w_m^t /mm	w_m^c /mm	w_{max}^t /mm	w_{max}^c /mm	$\dfrac{l_{cr}^c}{l_{cr}^t}$	$\dfrac{w_m^c}{w_m^t}$	$\dfrac{w_{max}^c}{w_{max}^t}$
TL-13	228	156	164	0.081	0.133	0.135	0.220	1.05	1.63	1.63
	285			0.123	0.176	0.182	0.292		1.44	1.60
	342			0.146	0.229	0.212	0.380		1.57	1.79
	399			0.182	0.263	0.260	0.437		1.45	1.68
TL-14	247	188	195	0.111	0.152	0.167	0.253	1.04	1.37	1.52
	308			0.153	0.209	0.223	0.346		1.37	1.55
	370			0.175	0.265	0.251	0.440		1.51	1.75
	432			0.210	0.321	0.291	0.533		1.53	1.83

注：l_{cr}^t 和 l_{cr}^c 分别为平均裂缝间距计算值和试验值，w_m^c 与 w_m^t 分别为平均裂缝宽度计算值与试验值，w_{max}^c 与 w_{max}^t 分别为最大裂缝宽度计算值与试验值。

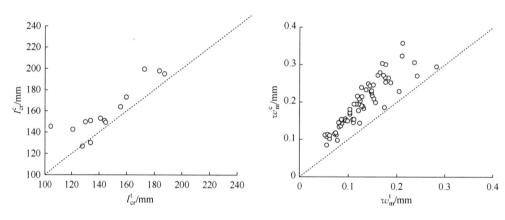

图 3.27 平均裂缝间距计算值与试验值对比　　图 3.28 平均裂缝宽度计算值与试验值对比

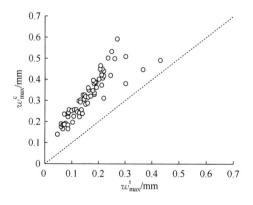

图 3.29 最大裂缝宽度计算值与试验值对比

3.6　结　　论

本章对配置高强钢筋的混凝土梁的受弯性能试验研究进行了介绍,主要结论如下:

(1) 配置 500MPa 级钢筋混凝土梁的裂缝开展过程与普通钢筋混凝土梁相似。

(2) 配筋率和钢筋直径是影响裂缝宽度的一对参数。当钢筋截面面积一定时,采用的钢筋直径越小,裂缝宽度越小。

(3) 混凝土保护层厚度越大,裂缝间距和裂缝宽度越大。

(4) 当混凝土保护层厚度较大时,会出现沿纵向钢筋的劈裂裂缝。

(5) 裂缝宽度在底面边缘达到最大,离受拉底面边缘越远,裂缝宽度越小。

(6) 各位置处的裂缝宽度基本随弯矩呈线性增长;梁侧面纵向受拉钢筋位置处的裂缝宽度小于其他位置处的裂缝宽度;当配置双层钢筋时,上层钢筋位置处的裂缝宽度略小于底层钢筋位置处的裂缝宽度;侧面边缘处的裂缝宽度与底面边缘处的裂缝宽度大致相当,但较其他位置处的裂缝宽度偏大。

(7) 对于底面边缘处的裂缝宽度 w_4 与侧面纵筋位置处的裂缝宽度 w_2,两者之间可以通过系数 α 相互转化。

$$\alpha = \frac{w_4}{w_2} = \frac{\dfrac{h-x}{h_0-x} + \dfrac{\sqrt{c^2+c_s^2}}{c_s}}{2}$$

(8) 除试件 JL-9 和 TL-13 外,其余试件侧面纵筋位置处的裂缝宽度与其均值之比均呈正态分布,变异系数均值约为 0.4,裂缝宽度扩大系数 τ_s 为 1.66。

(9) 将本次试验结果与《混凝土结构设计规范》(GB 50010—2002)裂缝宽度公式计算结果进行对比表明,规范计算的平均裂缝间距比试验值略大 10%,而平均裂缝宽度计算值比试验值大 55%,最大裂缝宽度计算值比试验值大 59%。可见,按《混凝土结构设计规范》(GB 50010—2002)公式计算配 500MPa 级钢筋混凝土梁的裂缝宽度,结果偏大较多。

参 考 文 献

[1] 中华人民共和国建设部. GB 50010—2002　混凝土结构设计规范[S]. 北京:中国建筑工业出版社,2002.

[2] 中华人民共和国住房和城乡建设部. GB/T 50476—2008　混凝土结构耐久性设计规范[S]. 北京:中国建筑工业出版社,2008.

[3] 中华人民共和国建设部. GB 50152—92　混凝土结构试验方法标准[S]. 北京:中国建筑

工业出版社，2008.

[4] 中华人民共和国建设部. GB/T 50081—2002　普通混凝土力学性能试验方法标准[S]. 北京：中国建筑工业出版社，2003.

[5] 中华人民共和国国家质量监督检验检疫总局. GB/T 228—2002　金属材料 室温拉伸试验方法[S]. 北京：中国标准出版社，2002.

[6] 中华人民共和国建设部. JGJ 92—2004　无粘结预应力混凝土结构技术规程[S]. 北京：中国建筑工业出版社，2005.

[7] 中华人民共和国交通部. JTG D62—2004　公路钢筋混凝土及预应力混凝土桥涵设计规范[S]. 北京：人民交通出版社，2004.

[8] 中华人民共和国水利部. SL/T 191—96　水工混凝土结构设计规范[S]. 北京：中国水利水电出版社，1997.

[9] 中华人民共和国铁道部. TB 10002.3—2005　铁路桥涵钢筋混凝土和预应力混凝土结构设计规范[S]. 北京：中国铁道出版社，2005.

[10] ACI. Building Code Requirements for Structural Concrete（ACI 318—08）and Commentary [S]. Farmington Hills：American Concrete Institute，2008.

[11] CEN. Eurocode 2：Design of Concrete Structures—Part 1-1：General Rules and Rules for Buildings(EN 1992-1-1：2004)[S]. Brussels：European Committee for Standardization，2004.

[12] Base R J，Read J B，Beeby A W，et al. An investigation of the crack control characteristics of various types of bar in concrete beams [R]. Cement and Concrete Association，1996，No. 18：44-130.

[13] Frosch R J. Another look at cracking and crack control in reinforced concrete [J]. ACI Structural Journal，1999，96(3)：437-442.

[14] Gergely P，Lutz L A. Maximum crack width in reinforced concrete flexural members，causes，mechanism，and control of cracking in concrete [C]. Farmington Hills：American Concrete Institute，1968：87-117.

[15] Beeby A W. The prediction of crack width in harded concrete [J]. The Structural Engineer，1979，57A(1)：9-17.

第 4 章　配置高强箍筋混凝土梁的抗剪性能试验研究和分析

《混凝土结构设计规范》(GB 50010—2010)[1] 第 4.2.1 条规定,箍筋宜采用 HRB400、HRBF400、HPB300、HRB500 和 HRBF500 级钢筋,同时第 4.2.3 条又指出,当横向钢筋用作受剪、受扭、受冲切承载力计算时,其强度设计值大于 360N/mm² 时应取 360N/mm²(强制性条文),也就是说,当以 500MPa 级钢筋作为箍筋时,其作用仅相当于 400MPa 级钢筋。显然,在同样的抗剪设计承载力下,出于经济性的考虑,工程人员将很有可能放弃选择 HRB500 或 HRBF500 级钢筋。对于配置高强箍筋的混凝土梁,人们一般对以下几个问题心存疑虑:①当混凝土梁发生剪切破坏时,高强箍筋是否屈服,即强度能否充分发挥作用;②在正常使用阶段,梁的斜裂缝宽度是否过大;③在正常使用阶段,由于剪切变形的影响梁的挠度变形是否会过大。鉴于我国现行《混凝土结构设计规范》(GB 50010—2010)中的斜截面受剪承载力计算模式依据的试验数据大多源于普通钢筋普通混凝土梁试验,而配置高强箍筋混凝土梁的试验数据十分欠缺,迫切需要进一步的试验研究。

本课题组拟通过 12 根配置 HRB500 级箍筋的混凝土梁,研究试件的抗剪承载力和使用性能,评估《混凝土结构设计规范》(GB 50010—2010)相关计算公式,为今后规范修订提供参考。

4.1　方 案 介 绍

4.1.1　试件设计

根据正交设计法,以剪跨比、配箍率和混凝土强度为参量,共设计 12 根配置 500MPa 级箍筋的混凝土梁,分两批进行试验(第一批 9 根,第二批 3 根),各试件具体参数见表 4.1,试件尺寸与配筋如图 4.1 所示。

表 4.1　试件参数

试件编号	$b \times h \times L$ /(mm×mm×mm)	加载跨度 a/mm	剪跨比 λ	混凝土强度等级	受拉纵筋①	箍筋③
B-1		640	1.75	C35	2Φ25+1Φ16	Φ8@130
B-2		820	2.25	C35	2Φ25+1Φ16	Φ8@200
B-3	200×400×3300	950	2.60	C35	3Φ25	Φ8@130
B-4		640	1.75	C50	2Φ25	Φ8@200

续表

试件编号	b×h×L /(mm×mm×mm)	加载跨度 a/mm	剪跨比 λ	混凝土强度等级	受拉纵筋①	箍筋③
B-5	200×400×3300	640	1.75	C35	2Φ25	Φ8@160
B-6		820	2.25	C50	3Φ25	Φ8@130
B-7		820	2.25	C35	2Φ25＋1Φ16	Φ8@160
B-8		950	2.60	C50	3Φ25	Φ8@160
B-9		950	2.60	C35	2Φ25＋1Φ16	Φ8@200
B-10	200×400×4000	640	1.75	C50	2Φ25＋1Φ12	Φ8@160
B-11		820	2.25	C50	3Φ25	Φ8@130
B-12		950	2.60	C50	2Φ25＋1Φ20	Φ8@200

注：b、h 和 L 分别表示截面宽度、截面高度和试件长度；符号 Φ 表示钢筋强度等级为 HRB500；架立筋②：试件 B-3 配置 2Φ25，试件 B-10～B-12 配置 2Φ20，其余试件均配置 2Φ18。

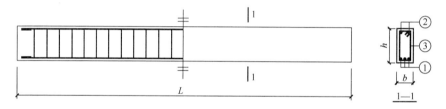

图 4.1　试件尺寸和配筋示意
①底部受拉纵筋；②顶部架立筋；③箍筋

4.1.2　加载方式和加载制度

1. 加载方式

采用图 4.2 所示的两点对称集中加载方式，竖向荷载由液压千斤顶通过型钢梁分配到两个加载点上。

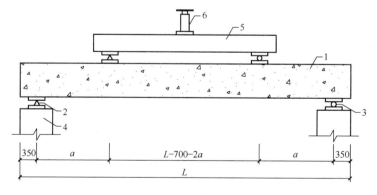

图 4.2　加载装置示意
1. 试件；2. 固定铰支座；3. 滚动铰支座；4. 支墩；5. 分配梁；6. 液压千斤顶

2. 加载制度

1）预加载

首先施加 20kN 荷载,检查仪器是否正常工作及试件是否对中,检查无误后卸载至 0,重新调平各仪器。

2）正式加载

试件开裂前,以计算极限荷载(P_u)的 10％分级加载,接近开裂荷载(P_{cr})时,进行缓慢加载,观测跨中混凝土表面的裂缝开展情况;混凝土开裂后,以 $0.1P_u$ 为荷载级差缓慢加载,捕捉斜裂缝的发展趋势;箍筋屈服后,停止斜裂缝观测,持续缓慢加载,直至试件破坏[2]。

3. 破坏标志

本次试验选择以下几个方面作为判断试件达到抗剪承载力极限状态的标志:
(1) 斜裂缝端部受压区混凝土发生剪压破坏。
(2) 斜截面混凝土发生斜向受压破坏。
(3) 箍筋被拉断。
(4) 液压千斤顶无法继续加载。

4.1.3　材性测试

1. 混凝土

依据《普通混凝土力学性能试验方法标准》(GB/T 50081—2002)[3],混凝土的力学性能实测结果见表 4.2。

表 4.2　混凝土的力学性能指标

试件编号	f_{cu}/(N/mm^2)	f_c/(N/mm^2)	f_{ts}/(N/mm^2)	E_c/($\times10^4$N/mm^2)
B-1	24.2	23.6	2.7	3.14
B-2	24.2	23.6	2.7	3.14
B-3	25.2	23.9	2.9	3.14
B-4	42.5	30.5	4.5	3.61
B-5	25.2	23.9	2.9	3.14
B-6	50.0	35.5	5.0	3.61
B-7	25.2	23.9	2.9	3.14
B-8	50.0	35.5	5.0	3.61
B-9	24.2	23.6	2.7	3.14

试件编号	f_{cu}/(N/mm²)	f_c/(N/mm²)	f_{ts}/(N/mm²)	E_c/(×10⁴N/mm²)
B-10	74.7	66.4	5.7	3.93
B-11	74.7	66.4	5.7	3.93
B-12	74.7	66.4	5.7	3.93

注：f_{cu}为立方体抗压强度，f_c为棱柱体轴心抗压强度，f_{ts}为立方体劈裂抗拉强度，E_c为弹性模量。

2. 钢筋

钢筋材性依据《金属材料 室温拉伸试验方法》(GB/T 228—2002)[4]进行测试，其力学性能实测结果见表4.3和表4.4。

表4.3　第一批试件的钢筋力学性能指标

钢筋规格	屈服强度 f_y/(N/mm²)	极限强度 f_u/(N/mm²)	弹性模量 E_s/(×10⁵N/mm²)	伸长率 δ_5/%	断面收缩率 Ψ/%
Φ8	537	695	2.05	26.67	50.34
Φ16	544	710	1.99	25.09	59.24
Φ18	416	504	2.01	26.49	49.68
Φ25	584	699	2.08	28.13	61.34

表4.4　第二批试件的钢筋力学性能指标

钢筋规格	屈服强度 f_y/(N/mm²)	极限强度 f_u/(N/mm²)	弹性模量 E_s/(×10⁵N/mm²)	伸长率 δ_5/%	断面收缩率 Ψ/%
Φ8	555	687	2.06	25.47	48.34
Φ12	517	654	2.11	26.49	41.25
Φ20	546	696	2.10	24.59	39.89
Φ25	539	703	2.08	29.23	53.64

4.1.4　试件测试

1. 量测内容

试验主要量测内容包括以下几个方面：
(1) 荷载-挠度曲线。
(2) 箍筋应变(包括点应变和平均应变)。
(3) 纵筋应变。
(4) 裂缝宽度。

2. 测点布置

1) 箍筋点应变测点

根据《混凝土结构试验方法标准》(GB 50152—92)[2]，混凝土梁可能出现斜裂缝的位置以加载点与支座之间的连线(主压应力迹线)为基准，在试件前后两面左右侧对称布置箍筋应变测点，如图 4.3(a)所示。

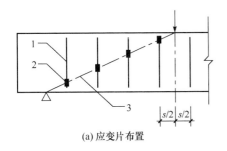
(a) 应变片布置

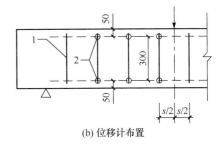
(b) 位移计布置

图 4.3　箍筋应变测点

s 为箍筋间距；1. 箍筋；2. 箍筋点应变测点(或平均应变测点的脚标位置)；3. 主压应力迹线

2) 箍筋平均应变测点

采用三组标距为 30cm 的拉线式位移计，布置在剪跨区段箍筋上，如图 4.3(b)所示，用以测量箍筋的平均应变(为了将位移计安装在箍筋上，混凝土浇筑前，在箍筋脚标位置处焊接直径为 8mm 的小钢筋，外套直径为 10mm 的 PVC 管，以保证混凝土浇筑和养护后，小钢筋能随着箍筋的伸缩自由移动；测量过程中，分别在 1-3-5-7 级荷载时用游标卡尺校准位移计)，同样采用前后两面左右侧对称布置。

各个试件箍筋点应变和平均应变测点的具体布置如图 4.4 所示。

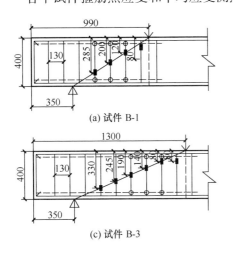
(a) 试件 B-1

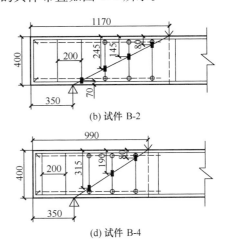
(b) 试件 B-2

(c) 试件 B-3

(d) 试件 B-4

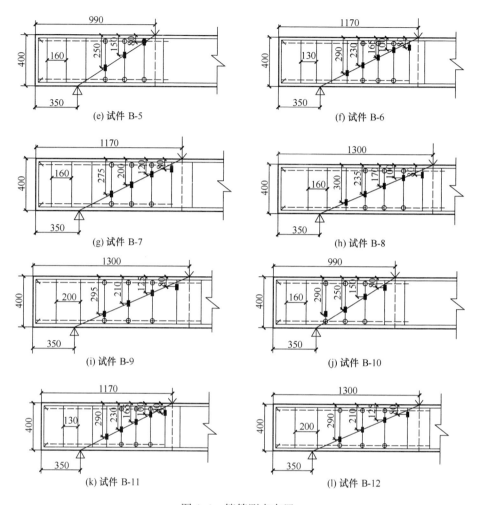

图 4.4　箍筋测点布置

3) 纵筋应变测点

《混凝土结构设计规范》(GB 50010—2010)[1]规定的斜截面承载能力极限状态,以纵向钢筋未屈服而箍筋屈服(或者混凝土斜向压碎)为标志。其中,纵向钢筋的最大应力可能发生在跨中弯曲裂缝处及剪跨区段支座附近的斜裂缝处。由于弯曲裂缝分布具有较大的随机性,采用预设人造缝的方法得到跨中纵筋的最大应变(选取试件 B-10～B-12,混凝土浇筑前,以裂缝间距为基准,在试件跨中预埋 5 个 0.6mm 厚的小钢片,并于混凝土初凝前拔出),人造裂缝处和人造裂缝间的纵向钢筋应变测点布置如图 4.5 所示。

4) 挠度测点

采用位移计测量试件在加载过程中的挠度,测点布置如图 4.6 所示,共布置 5

个挠度测点(其中,支座处 2 个,左右加载点各 1 个,跨中 1 个)。

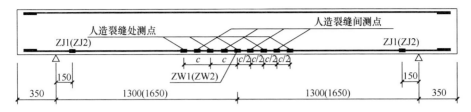

图 4.5　纵向钢筋应变测点布置

c 为裂缝间距,按《混凝土结构设计规范》(GB 50010—2010)[1]式(7.1.2-1)计算:
试件 B-10 为 115mm,试件 B-11 为 100mm,试件 B-12 为 105mm

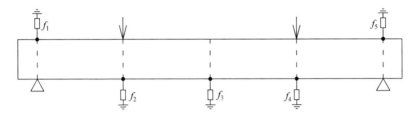

图 4.6　挠度测点布置

3. 裂缝观测

试验前将梁的两个侧面用石灰浆刷白,并绘制 50mm×50mm 的网格。试验开始后,使用手电筒和放大镜寻找试件侧表面裂缝(一般情况下,正截面弯曲裂缝较斜截面剪切裂缝先出现;本章定义裂缝高度大于两倍纵向钢筋重心高度即75mm 且发生明显倾斜的裂缝为斜裂缝)。

试件开裂后,用裂缝宽度观测仪和直尺量测各级荷载下斜裂缝的裂缝宽度和位置(试验前,在试件侧面用油性笔标明每根箍筋及相邻箍筋中线的位置,试验时测量斜裂缝与之相交处的裂缝宽度,并在第 6 和第 8 级荷载下分别选取 2~3 根典型裂缝,测量其高度),如图 4.7 所示。

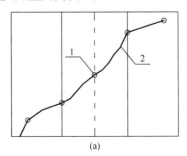
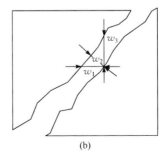

(a)　　　　　　　　　　　　　(b)

图 4.7　斜裂缝测点

1. 测点；2. 斜裂缝；w_1 为水平裂缝宽度；w_2 为平行裂缝宽度；w_3 为竖向裂缝宽度

4.2　试验现象及破坏特征总结

4.2.1　试验现象

（1）加载初期,试件处于弹性工作阶段,箍筋应力很小,剪力主要由混凝土承担,实测的荷载-挠度曲线和计算值十分接近。

（2）随着荷载的增长,试件侧面开始出现正截面弯曲裂缝[此时,荷载为（10%～20%）P_u,P_u 为极限承载力];加载至（20%～30%）P_u 时,剪跨区段近加载点处梁底出现斜裂缝,斜裂缝倾斜角度很小;当加载到（40%～50%）P_u 时,剪跨区段斜裂缝数目增加明显（裂缝长度为 100～150mm,裂缝宽度较小）,标志着混凝土逐渐退出工作,箍筋开始承担剪力（箍筋应力增长明显）,实测荷载-挠度曲线逐渐偏离计算值,表明剪切变形的影响越来越显著;随着荷载的增长,正截面裂缝基本出齐,斜裂缝则从支座向加载点处稳定发展,裂缝宽度逐渐增大;当荷载达到（60%～70%）P_u 后,部分箍筋应力超过 500MPa,斜裂缝宽度最大值达到《混凝土结构设计规范》（GB 50010—2010）规定的最大裂缝宽度 0.3mm。

（3）当荷载达到 P_u 后,试件发生明显的脆性破坏。对于剪跨比较大的试件,由于箍筋应力迅速增大,被斜裂缝穿过的箍筋甚至会出现颈缩和拉断现象,试件表现出类似斜拉破坏的行为;对于剪跨比较小的试件,梁顶混凝土先受压破坏,架立筋受压屈服,然后箍筋被拉断,试件接近于斜压破坏。

4.2.2　破坏特征

根据试验结果,试件 B-1～B-9 发生剪切破坏,试件 B-11 和 B-12 发生延性的弯曲破坏,试件 B-10 则发生弯剪破坏。各试件的裂缝形态如图 4.8～图 4.19 所示。

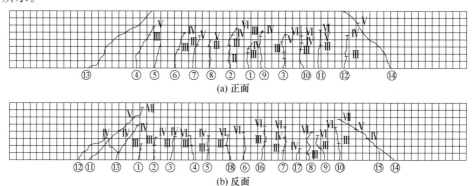

图 4.8　试件 B-1 的裂缝形态

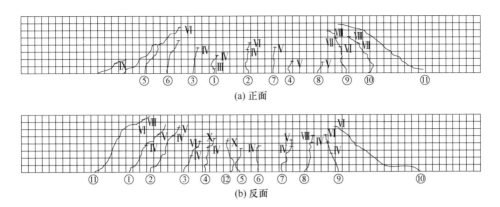

(a) 正面

(b) 反面

图 4.9　试件 B-2 的裂缝形态

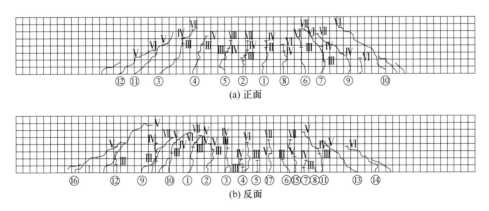

(a) 正面

(b) 反面

图 4.10　试件 B-3 的裂缝形态

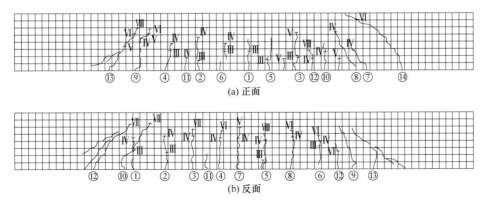

(a) 正面

(b) 反面

图 4.11　试件 B-4 的裂缝形态

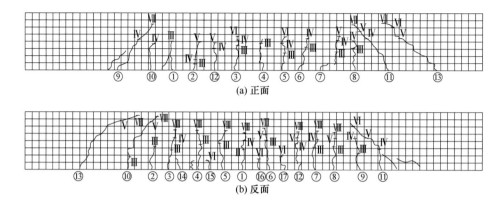

(a) 正面

(b) 反面

图 4.12　试件 B-5 的裂缝形态

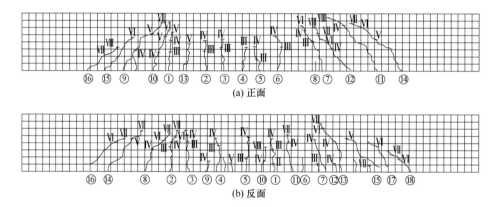

(a) 正面

(b) 反面

图 4.13　试件 B-6 的裂缝形态

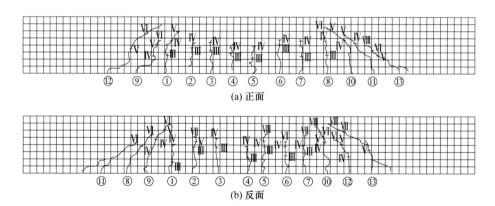

(a) 正面

(b) 反面

图 4.14　试件 B-7 的裂缝形态

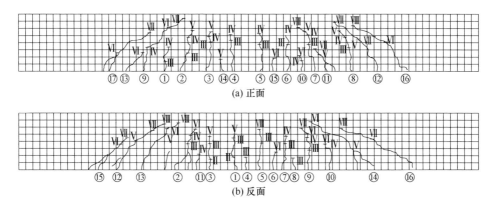

(a) 正面

(b) 反面

图 4.15　试件 B-8 的裂缝形态

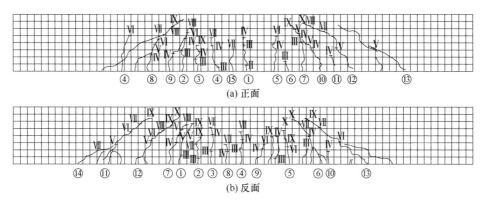

(a) 正面

(b) 反面

图 4.16　试件 B-9 的裂缝形态

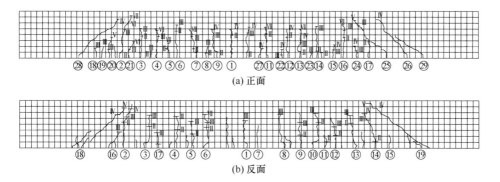

(a) 正面

(b) 反面

图 4.17　试件 B-10 的裂缝形态

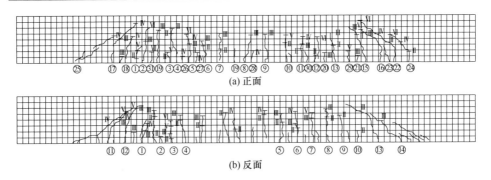

(a) 正面

(b) 反面

图 4.18 试件 B-11 的裂缝形态

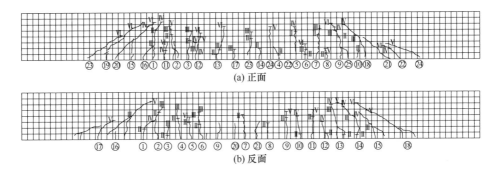

(a) 正面

(b) 反面

图 4.19 试件 B-12 的裂缝形态

4.3 试验结果及分析

4.3.1 荷载-挠度曲线

各试件的荷载-挠度曲线如图 4.20 所示;为了方便对比,各实测挠度均已扣除端部支座沉降的影响。可以看出:

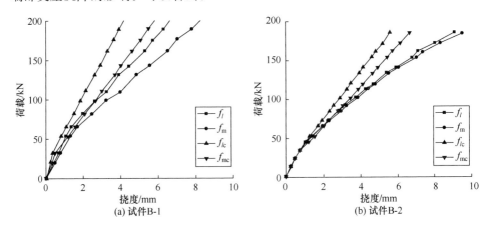

(a) 试件B-1

(b) 试件B-2

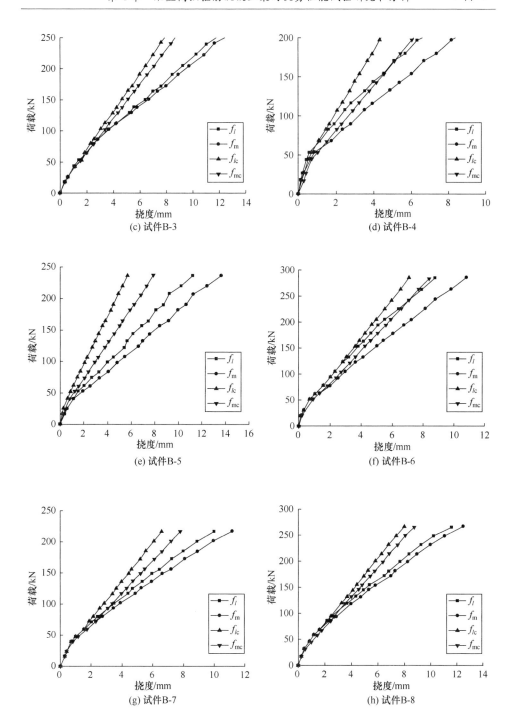

(c) 试件B-3

(d) 试件B-4

(e) 试件B-5

(f) 试件B-6

(g) 试件B-7

(h) 试件B-8

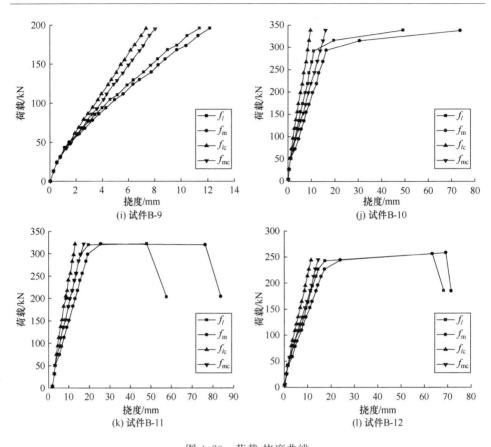

图 4.20　荷载-挠度曲线

f_m 为跨中挠度；f_l 为加载点挠度；f_{mc} 和 f_{lc} 分别为按《混凝土结构设计规范》(GB 50010—2010)
得到的跨中挠度和加载点挠度计算值

(1) 配置高强箍筋后，试件的跨中挠度均不超过《混凝土结构设计规范》
(GB 50010—2010)规定的挠度限值 $L_0/200$(L_0 为计算跨度)。

(2) 实测挠度比《混凝土结构设计规范》(GB 50010—2010)计算值明显偏大
(临近破坏时，个别试件的挠度甚至比计算值大 50%)，主要原因在于试件的剪跨
比较小，剪切变形对挠度变形的影响较为显著，《混凝土结构设计规范》
(GB 50010—2010)采用的按弯曲刚度计算挠度的方法不再适用。

4.3.2　钢筋应变

纵筋和箍筋应力实测结果如图 4.21～图 4.32 所示[图中，ZJX 和 ZWX 代表
纵筋的不同位置，如图 4.5 所示；SL(R)F(B)XXX 代表箍筋，L(R)表示左(右)侧，
F(B)表示正(反)面，XXX 为测点至梁顶的距离；为了对比，图中同时给出了根据
《混凝土结构设计规范》(GB 50010—2010)公式 $\sigma=M/(0.87A_sh_0)$ 得到的纵筋应

力计算值 ZW]。可以看出：

（1）跨中纵筋应力实测值与计算值符合良好（以试件 B-2 和试件 B-3 为例，如图 4.22 和图 4.23 所示），表明平截面假定具有较好的适用性。

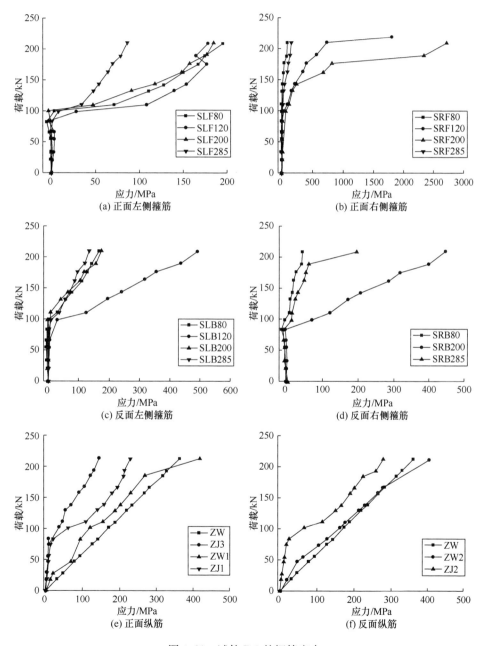

图 4.21　试件 B-1 的钢筋应力

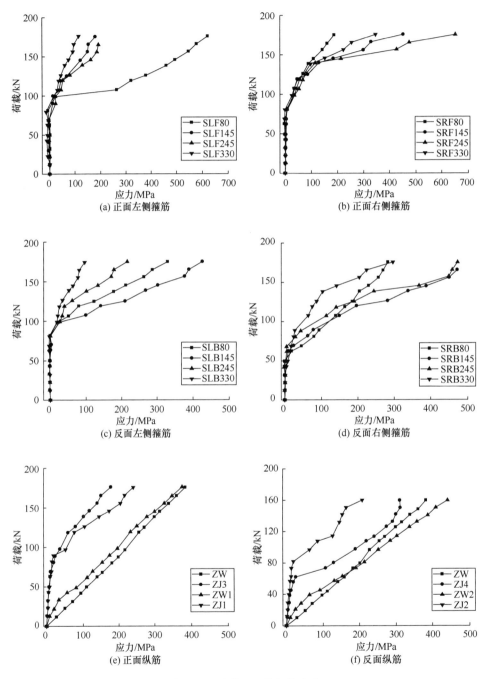

图 4.22 试件 B-2 的钢筋应力

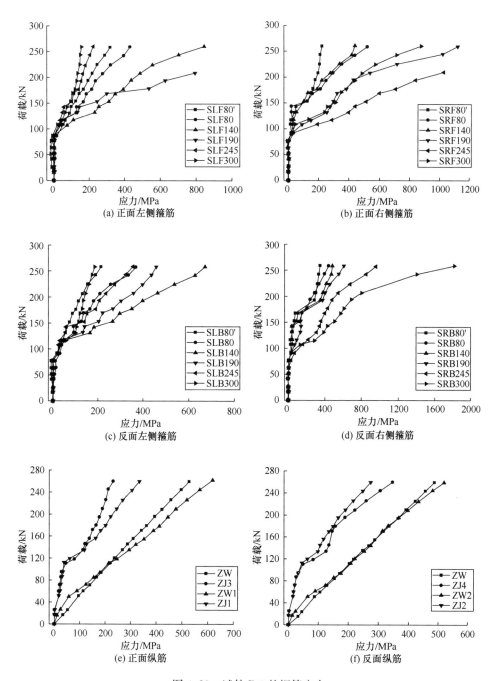

图 4.23　试件 B-3 的钢筋应力

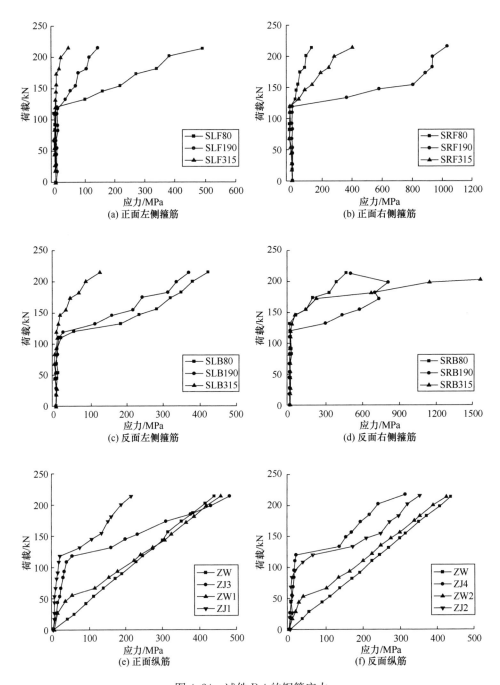

(a) 正面左侧箍筋

(b) 正面右侧箍筋

(c) 反面左侧箍筋

(d) 反面右侧箍筋

(e) 正面纵筋

(f) 反面纵筋

图 4.24　试件 B-4 的钢筋应力

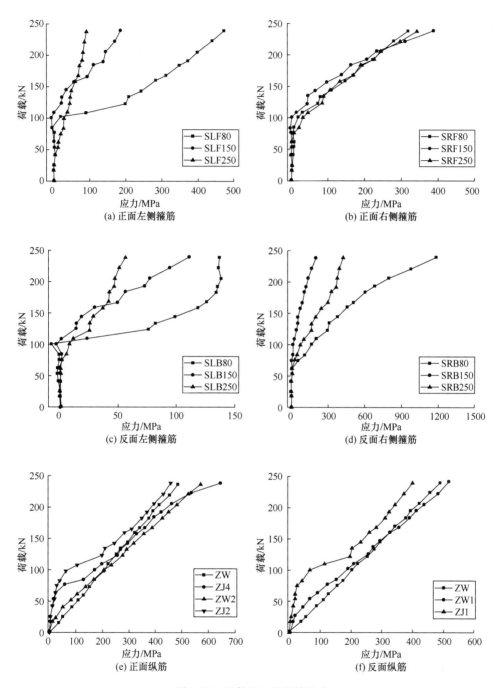

图 4.25　试件 B-5 的钢筋应力

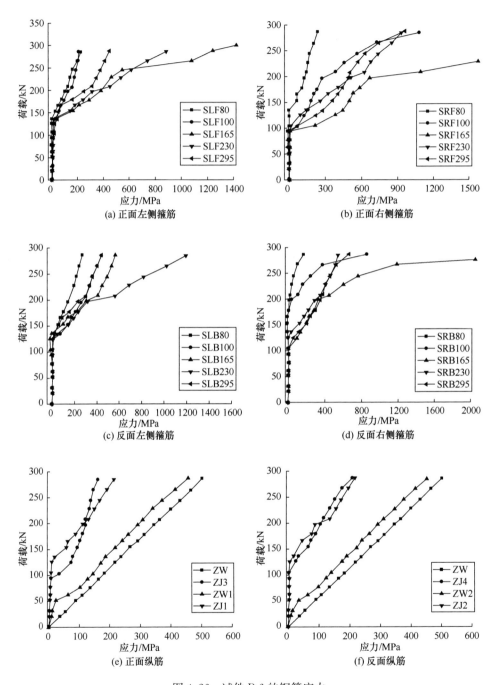

(a) 正面左侧箍筋　　　　　　　　　　(b) 正面右侧箍筋

(c) 反面左侧箍筋　　　　　　　　　　(d) 反面右侧箍筋

(e) 正面纵筋　　　　　　　　　　　　(f) 反面纵筋

图 4.26　试件 B-6 的钢筋应力

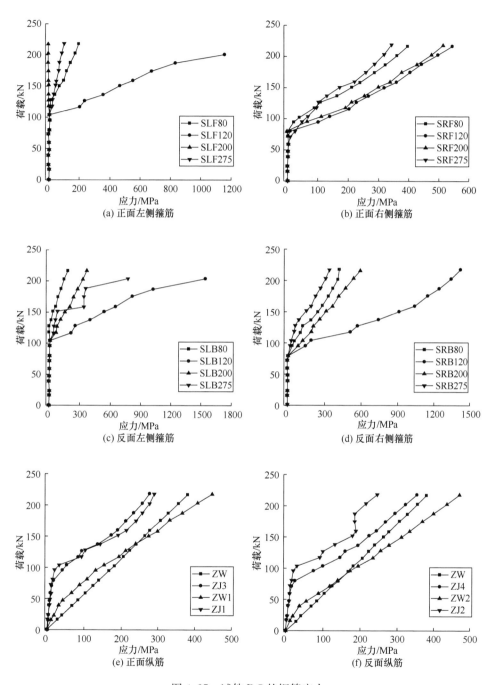

图 4.27   试件 B-7 的钢筋应力

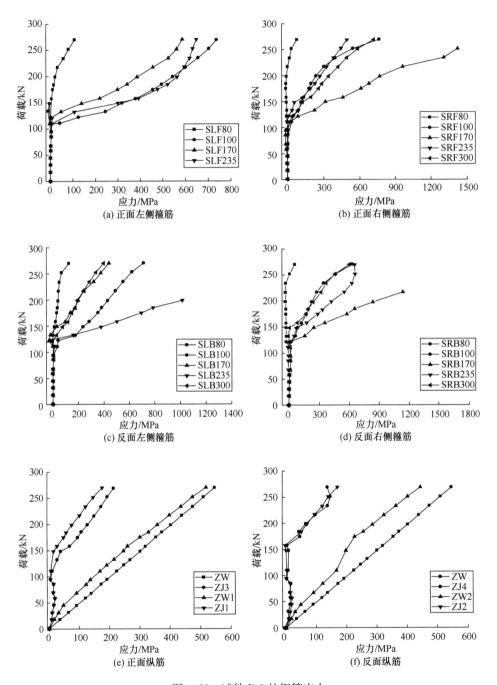

图 4.28　试件 B-8 的钢筋应力

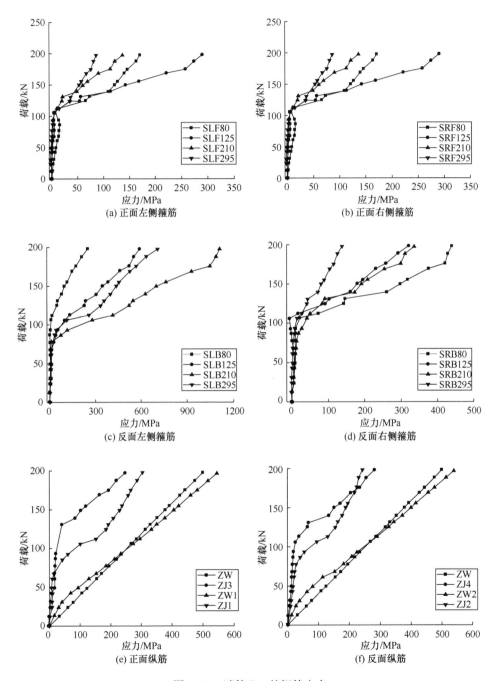

图 4.29　试件 B-9 的钢筋应力

　　(2) 纵向钢筋在跨中的应力比支座处的应力大,且人造裂缝处和人造裂缝间的钢筋应力差别不大(图 4.30)。

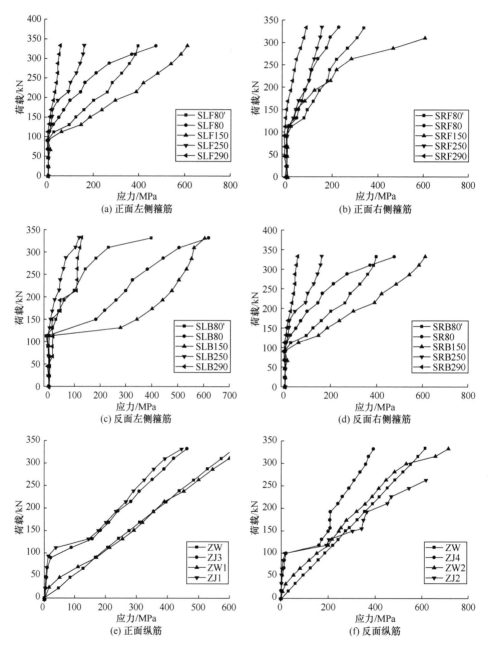

图 4.30　试件 B-10 的钢筋应力

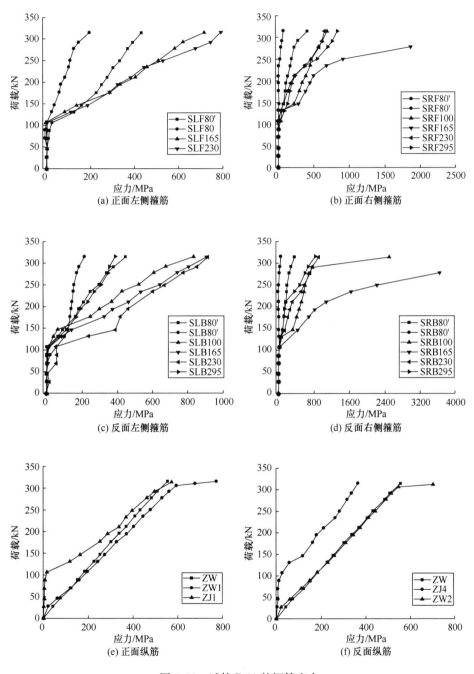

图 4.31　试件 B-11 的钢筋应力

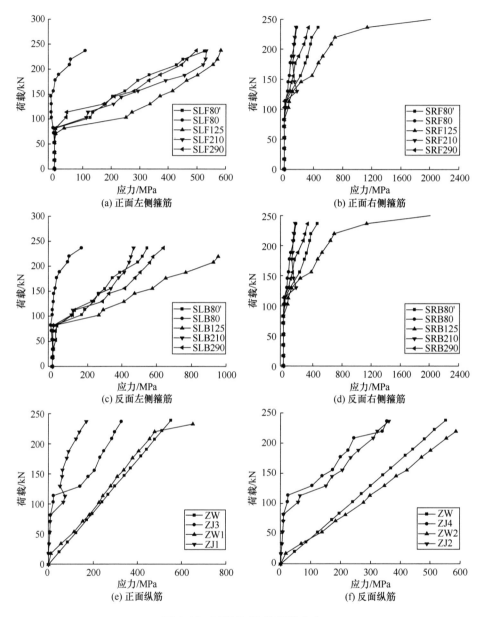

图 4.32　试件 B-12 的钢筋应力

（3）破坏时，试件 B-1～B-9 的箍筋应力明显比跨中纵筋应力大（跨中钢筋一般不屈服或刚好屈服），试件发生由于箍筋屈服或者剪压区混凝土压碎而引起的剪切破坏，试件 B-10 的跨中纵筋和箍筋同时屈服，属于典型的弯剪破坏；试件 B-11 和 B-12 的混凝土强度实测值较设计值偏大，试件的抗剪强度明显提高，发生延性的弯曲破坏(箍筋屈服)。

（4）斜裂缝出现前,箍筋基本不受力,剪力主要由混凝土承担。加载到$(0.3\sim$
$0.4)P_u$,斜裂缝出现后,混凝土迅速退出工作,剪力开始由箍筋承担(箍筋应力突
然出现转折),此后随着荷载的增加,箍筋应力迅速增大,直至箍筋屈服;在箍筋应
力发展过程中,有些原本应力增长迅速的箍筋会出现应力增长减缓甚至下降的现
象,这是由于斜裂缝的不断发展,使得更多的箍筋与之相交,箍筋应力发生重新分
配;接近破坏的时候,箍筋平均应力将趋于某个定值。

4.3.3　抗剪承载能力

根据《混凝土结构设计规范》(GB 50010—2010)[1],对于以集中荷载作用为主
(包括多种荷载同时作用,其中集中荷载对支座截面或节点边缘所产生的剪力值占
总剪力值的 75％以上的情况)的钢筋混凝土梁,抗剪承载力按以下公式计算：

$$V_{cs} = \frac{1.75}{\lambda + 1} f_{tk} b h_0 + f_{yv} \frac{A_{sv}}{s} h_0 \tag{4.1}$$

式中,A_{sv}为配置在同一截面内箍筋各肢的全部截面面积;s为箍筋间距;f_{yv}为箍筋
抗拉强度;λ为剪跨比,$\lambda = a/h_0$,a为荷载作用点到支座边缘的距离;f_{tk}为混凝土
抗拉强度;b和h_0分别为梁的宽度和有效高度。

抗剪承载力计算结果见表 4.5。V_u/V_{cs}均值为 0.984,变异系数为 0.100,即按
现行《混凝土结构设计规范》(GB 50010—2010)计算抗剪承载力,结果良好。

表 4.5　承载力对比

试件编号	B-1	B-2	B-3	B-4	B-5	B-6
V_{cs}/kN	267.4	196.9	240.1	257.2	240.2	302.0
V_u/kN	219.2	185.3	262.2	215.1	242.4	299.5
V_u/V_{cs}	0.820	0.941	1.092	0.836	1.009	0.992
试件编号	B-7	B-8	B-9	B-10	B-11	B-12
V_{cs}/kN	221.6	252.8	184.9	339.2	340.8	266.9
V_u/kN	217.4	275.4	203.2	332.4	(334.4)	(260.5)
V_u/V_{cs}	0.981	1.089	1.099	0.980	—	—

注:V_{cs}和V_u分别为抗剪承载力计算值和试验值;试件 B-11 和 B-12 发生弯曲破坏,不参与抗剪计算对
比,表中括号中的数字为抗弯承载力对应的竖向集中荷载。

4.3.4　裂缝

1. 开裂荷载

根据裂缝产生的不同机理,开裂荷载分为正截面开裂荷载和斜截面开裂荷载,

分别按式(4.2)和式(4.3)计算[5]：

$$P_{cr,c}^{M} = 0.292 f_{tk} bh^2 (1 + 5n\mu_1 + n\mu_1') \tag{4.2}$$

$$P_{cr,c}^{V} = \frac{0.25 \csc^2\alpha + n\mu_1}{C + 0.5h\cot\alpha} f_{tk} bh^2 \tag{4.3}$$

式中，$\cot\alpha = \sqrt{4\left(\dfrac{C}{h}\right)^2 + 4n\mu_1 + 1} - 2\dfrac{C}{h}$；$C = \left(0.56 - 0.636\dfrac{a}{l}\right)a$；$\mu_1$ 和 μ_1' 分别为受拉和受压钢筋配筋率；$n = E_s/E_c$，E_s 和 E_c 分别为钢筋和混凝土的弹性模量；a 和 l 分别为剪跨和计算跨度。

计算结果见表4.6。$P_{cr}^{M}/P_{cr,c}^{M}$ 均值为0.793，变异系数为0.193，$P_{cr}^{V}/P_{cr,c}^{V}$ 均值为0.668，变异系数为0.232，即计算值较试验值明显偏大；另外，对比试件 B-1～B-9 与 B-10～B-12 可以看出，设置人造裂缝后，正截面开裂弯矩有所降低，但不明显。

表4.6　开裂荷载对比

试件编号	正截面开裂荷载			斜截面开裂荷载		
	P_{cr}^{M}/kN	$P_{cr,c}^{M}$/kN	$P_{cr}^{M}/P_{cr,c}^{M}$	P_{cr}^{V}/kN	$P_{cr,c}^{V}$/kN	$P_{cr}^{V}/P_{cr,c}^{V}$
B-1	41.5	54.1	0.768	81.0	89.2	0.908
B-2	47.8	42.3	1.131	61.4	80.8	0.760
B-3	40.0	40.3	0.992	56.3	82.6	0.682
B-4	49.0	67.9	0.722	61.0	114.7	0.532
B-5	40.9	52.1	0.785	61.5	87.2	0.705
B-6	50.0	65.8	0.760	74.5	125.3	0.595
B-7	39.5	42.7	0.926	59.0	81.5	0.724
B-8	42.5	55.3	0.769	66.0	116.9	0.565
B-9	22.5	35.9	0.627	74.0	76.1	0.973
B-10	57.9	95.4	0.607	74.5	149.5	0.498
B-11	55.0	82.7	0.665	70.5	142.8	0.494
B-12	52.2	68.4	0.763	75.5	128.9	0.586

2. 斜裂缝宽度

我国《混凝土结构设计规范》(GB 50010—2010)[1]规定，在正常使用荷载下，允许普通混凝土出现裂缝：一类环境下，最大裂缝宽度为0.3mm；二类环境下，最大裂缝宽度为0.2mm。上述规定一般针对正截面裂缝而言，但也同样适用于斜截面裂缝。斜截面裂缝宽度按测量方向分为三个代表值，即 w_1、w_2 和 w_3[各参数含义如图4.7(b)所示]，其实测结果见表4.7～表4.30。显然，w_1 和 w_3 受不同位置裂缝走向的影响很大，故以下采用 w_2 作为斜裂缝宽度统计变量。考虑到箍筋处混凝土的开裂可能引起钢筋锈蚀,进而削弱斜截面承载力,本章从严限定其最大裂缝宽度为 0.2mm;箍筋间的斜裂缝危险性较小,限定其最大裂缝宽度不得大于 0.3mm。

表 4.7　试件 B-1 箍筋间裂缝结果

荷载 /kN	$w_{1,m}$ /mm	$w_{1,max}$ /mm	δ_1	$w_{2,m}$ /mm	$w_{2,max}$ /mm	δ_2	$w_{3,m}$ /mm	$w_{3,max}$ /mm	δ_3
108.0	0.23	0.42	0.13	0.17	0.32	0.11	0.27	0.49	0.17
135.0	0.37	0.80	0.29	0.21	0.46	0.14	0.26	0.56	0.16
162.0	0.53	1.02	0.32	0.34	0.72	0.23	0.54	1.40	0.44
189.0	0.58	1.84	0.49	0.38	1.10	0.33	0.62	2.57	0.65

表 4.8　试件 B-2 箍筋间裂缝结果

荷载 /kN	$w_{1,m}$ /mm	$w_{1,max}$ /mm	δ_1	$w_{2,m}$ /mm	$w_{2,max}$ /mm	δ_2	$w_{3,m}$ /mm	$w_{3,max}$ /mm	δ_3
85.0	0.10	0.22	0.07	0.06	0.09	0.03	0.09	0.17	0.05
102.0	0.35	1.06	0.28	0.20	0.38	0.11	0.26	0.45	0.13
119.0	0.38	0.84	0.25	0.24	0.64	0.16	0.35	1.07	0.27
136.0	0.56	1.46	0.41	0.34	0.74	0.22	0.47	0.99	0.25
153.0	0.77	1.80	0.50	0.39	0.95	0.25	0.55	2.07	0.47
170.0	0.80	2.00	0.60	0.52	1.65	0.41	0.87	3.51	0.92

表 4.9　试件 B-3 箍筋间裂缝结果

荷载 /kN	$w_{1,m}$ /mm	$w_{1,max}$ /mm	δ_1	$w_{2,m}$ /mm	$w_{2,max}$ /mm	δ_2	$w_{3,m}$ /mm	$w_{3,max}$ /mm	δ_3
64.5	0.04	0.08	0.03	0.03	0.07	0.03	0.06	0.14	0.06
86.0	0.09	0.24	0.06	0.06	0.12	0.03	0.08	0.23	0.06
107.5	0.13	0.40	0.09	0.09	0.30	0.07	0.13	0.65	0.14
129.0	0.22	0.64	0.13	0.14	0.34	0.06	0.20	0.52	0.11
150.5	0.28	1.44	0.16	0.16	0.34	0.09	0.26	0.95	0.19
172.0	0.42	1.62	0.28	0.22	0.40	0.10	0.34	1.22	0.23

表 4.10　试件 B-4 箍筋间裂缝结果

荷载 /kN	$w_{1,m}$ /mm	$w_{1,max}$ /mm	δ_1	$w_{2,m}$ /mm	$w_{2,max}$ /mm	δ_2	$w_{3,m}$ /mm	$w_{3,max}$ /mm	δ_3
110.0	0.13	0.23	0.06	0.08	0.14	0.04	0.11	0.18	0.06
132.0	0.29	0.60	0.16	0.18	0.36	0.09	0.23	0.52	0.13
154.0	0.42	0.84	0.20	0.26	0.44	0.10	0.36	0.65	0.16
176.0	0.59	1.50	0.44	0.38	1.20	0.29	0.60	2.00	0.55

表 4.11　试件 B-5 箍筋间裂缝结果

荷载 /kN	$w_{1,m}$ /mm	$w_{1,max}$ /mm	δ_1	$w_{2,m}$ /mm	$w_{2,max}$ /mm	δ_2	$w_{3,m}$ /mm	$w_{3,max}$ /mm	δ_3
61.5	0.06	0.08	0.02	0.04	0.06	0.02	0.05	0.09	0.03
82.0	0.12	0.20	0.06	0.07	0.15	0.04	0.10	0.27	0.08
102.5	0.20	0.38	0.10	0.13	0.30	0.09	0.20	0.59	0.18
123.0	0.32	1.16	0.22	0.20	0.46	0.12	0.32	0.70	0.21
143.5	0.47	1.24	0.30	0.27	0.58	0.16	0.43	1.48	0.34
164.0	0.60	1.39	0.37	0.33	0.78	0.21	0.50	1.80	0.41
184.5	0.73	1.99	0.57	0.33	0.95	0.23	0.50	1.71	0.42

表 4.12　试件 B-6 箍筋间裂缝结果

荷载 /kN	$w_{1,m}$ /mm	$w_{1,max}$ /mm	δ_1	$w_{2,m}$ /mm	$w_{2,max}$ /mm	δ_2	$w_{3,m}$ /mm	$w_{3,max}$ /mm	δ_3
108.0	0.12	0.24	0.08	0.09	0.18	0.06	0.15	0.41	0.13
135.0	0.16	0.38	0.09	0.11	0.26	0.06	0.17	0.36	0.10
162.0	0.18	0.48	0.10	0.12	0.30	0.07	0.19	0.41	0.12
189.0	0.25	0.60	0.13	0.16	0.40	0.08	0.24	0.54	0.12
216.0	0.32	0.88	0.15	0.21	0.54	0.09	0.30	0.68	0.14

表 4.13　试件 B-7 箍筋间裂缝结果

荷载 /kN	$w_{1,m}$ /mm	$w_{1,max}$ /mm	δ_1	$w_{2,m}$ /mm	$w_{2,max}$ /mm	δ_2	$w_{3,m}$ /mm	$w_{3,max}$ /mm	δ_3
78.0	0.07	0.12	0.03	0.04	0.09	0.03	0.06	0.14	0.04
97.5	0.11	0.24	0.07	0.08	0.20	0.05	0.12	0.36	0.09
117.0	0.20	0.50	0.11	0.15	0.32	0.08	0.23	0.54	0.14
136.5	0.32	0.90	0.23	0.22	0.50	0.16	0.33	0.84	0.25
156.0	0.45	1.24	0.32	0.29	0.64	0.21	0.43	1.64	0.37

表 4.14　试件 B-8 箍筋间裂缝结果

荷载 /kN	$w_{1,m}$ /mm	$w_{1,max}$ /mm	δ_1	$w_{2,m}$ /mm	$w_{2,max}$ /mm	δ_2	$w_{3,m}$ /mm	$w_{3,max}$ /mm	δ_3
110.0	0.13	0.30	0.08	0.08	0.20	0.05	0.12	0.27	0.07
132.0	0.21	0.64	0.15	0.14	0.40	0.10	0.20	0.60	0.15
154.0	0.35	0.90	0.19	0.21	0.40	0.11	0.32	0.72	0.21
176.0	0.44	1.00	0.24	0.25	0.48	0.13	0.34	0.67	0.19

表 4.15　试件 B-9 箍筋间裂缝结果

荷载 /kN	$w_{1,m}$ /mm	$w_{1,max}$ /mm	δ_1	$w_{2,m}$ /mm	$w_{2,max}$ /mm	δ_2	$w_{3,m}$ /mm	$w_{3,max}$ /mm	δ_3
77.5	0.08	0.14	0.03	0.06	0.10	0.02	0.10	0.21	0.05
93.0	0.14	0.40	0.10	0.09	0.20	0.06	0.14	0.39	0.10
108.5	0.29	1.10	0.21	0.16	0.40	0.09	0.24	0.62	0.15
124.0	0.35	0.90	0.22	0.20	0.52	0.12	0.31	1.04	0.22
139.5	0.52	1.80	0.36	0.29	0.62	0.14	0.48	1.34	0.35
155.0	0.60	1.90	0.45	0.32	0.88	0.17	0.47	1.20	0.27
170.5	0.51	1.52	0.35	0.33	0.88	0.20	0.53	1.58	0.34

表 4.16　试件 B-10 箍筋间裂缝结果

荷载 /kN	$w_{1,m}$ /mm	$w_{1,max}$ /mm	δ_1	$w_{2,m}$ /mm	$w_{2,max}$ /mm	δ_2	$w_{3,m}$ /mm	$w_{3,max}$ /mm	δ_3
120.0	0.16	0.36	0.09	0.11	0.20	0.06	0.17	0.34	0.09
150.0	0.36	1.10	0.29	0.15	0.27	0.07	0.25	0.52	0.11
180.0	0.31	0.80	0.16	0.18	0.36	0.09	0.27	0.50	0.12
210.0	0.34	0.94	0.22	0.21	0.44	0.10	0.32	0.96	0.19

表 4.17　试件 B-11 箍筋间裂缝结果

荷载 /kN	$w_{1,m}$ /mm	$w_{1,max}$ /mm	δ_1	$w_{2,m}$ /mm	$w_{2,max}$ /mm	δ_2	$w_{3,m}$ /mm	$w_{3,max}$ /mm	δ_3
105.0	0.15	0.24	0.06	0.10	0.19	0.04	0.19	0.28	0.08
140.0	0.16	0.40	0.12	0.10	0.22	0.07	0.17	0.42	0.11
175.0	0.19	0.50	0.11	0.14	0.32	0.08	0.20	0.42	0.12
210.0	0.24	0.70	0.16	0.17	0.60	0.13	0.28	0.90	0.20
245.0	0.32	0.80	0.23	0.21	0.66	0.17	0.43	1.30	0.29

表 4.18　试件 B-12 箍筋间裂缝结果

荷载 /kN	$w_{1,m}$ /mm	$w_{1,max}$ /mm	δ_1	$w_{2,m}$ /mm	$w_{2,max}$ /mm	δ_2	$w_{3,m}$ /mm	$w_{3,max}$ /mm	δ_3
104.0	0.23	0.50	0.14	0.14	0.30	0.08	0.22	0.40	0.13
130.0	0.34	0.80	0.23	0.21	0.52	0.15	0.28	0.60	0.16
156.0	0.51	1.20	0.31	0.27	0.55	0.14	0.34	0.64	0.15
182.0	0.59	1.50	0.37	0.33	0.74	0.18	0.47	0.84	0.21
208.0	0.66	1.86	0.47	0.40	1.10	0.28	0.52	1.06	0.26

表 4.19 试件 B-1 箍筋处裂缝结果

荷载 /kN	$w_{1,m}$ /mm	$w_{1,max}$ /mm	δ_1	$w_{2,m}$ /mm	$w_{2,max}$ /mm	δ_2	$w_{3,m}$ /mm	$w_{3,max}$ /mm	δ_3
108.0	0.22	0.42	0.14	0.15	0.21	0.11	0.26	0.70	0.25
135.0	0.32	0.60	0.20	0.21	0.45	0.16	0.31	0.90	0.33
162.0	0.41	0.84	0.27	0.30	0.75	0.22	0.52	1.67	0.54
189.0	0.49	0.98	0.34	0.34	0.90	0.28	0.58	2.27	0.68

表 4.20 试件 B-2 箍筋处裂缝结果

荷载 /kN	$w_{1,m}$ /mm	$w_{1,max}$ /mm	δ_1	$w_{2,m}$ /mm	$w_{2,max}$ /mm	δ_2	$w_{3,m}$ /mm	$w_{3,max}$ /mm	δ_3
85.0	0.09	0.14	0.03	0.06	0.08	0.01	0.09	0.11	0.03
102.0	0.17	0.38	0.13	0.08	0.16	0.04	0.11	0.18	0.05
119.0	0.32	0.96	0.26	0.18	0.34	0.10	0.27	0.62	0.21
136.0	0.33	0.64	0.20	0.24	0.60	0.18	0.47	1.72	0.54
153.0	0.52	1.16	0.38	0.31	0.82	0.24	0.49	1.81	0.53
170.0	0.73	1.63	0.51	0.42	1.04	0.33	0.68	2.33	0.65

表 4.21 试件 B-3 箍筋处裂缝结果

荷载 /kN	$w_{1,m}$ /mm	$w_{1,max}$ /mm	δ_1	$w_{2,m}$ /mm	$w_{2,max}$ /mm	δ_2	$w_{3,m}$ /mm	$w_{3,max}$ /mm	δ_3
64.5	0.04	0.06	0.02	0.03	0.05	0.02	0.05	0.09	0.03
86.0	0.06	0.10	0.03	0.04	0.06	0.02	0.06	0.12	0.04
107.5	0.14	0.36	0.09	0.09	0.26	0.08	0.14	0.70	0.17
129.0	0.18	0.50	0.12	0.10	0.32	0.07	0.15	0.32	0.11
150.5	0.22	0.70	0.18	0.13	0.32	0.08	0.21	0.66	0.15
172.0	0.25	0.76	0.18	0.15	0.39	0.10	0.22	0.54	0.14

表 4.22 试件 B-4 箍筋处裂缝结果

荷载 /kN	$w_{1,m}$ /mm	$w_{1,max}$ /mm	δ_1	$w_{2,m}$ /mm	$w_{2,max}$ /mm	δ_2	$w_{3,m}$ /mm	$w_{3,max}$ /mm	δ_3
110.0	0.19	0.20	0.01	0.14	0.16	0.03	0.21	0.27	0.07
132.0	0.30	0.32	0.02	0.19	0.26	0.05	0.29	0.52	0.17
154.0	0.27	0.60	0.16	0.16	0.34	0.09	0.20	0.41	0.12
176.0	0.52	1.30	0.41	0.26	0.50	0.15	0.37	0.63	0.21

表 4.23　试件 B-5 箍筋处裂缝结果

荷载 /kN	$w_{1,m}$ /mm	$w_{1,max}$ /mm	δ_1	$w_{2,m}$ /mm	$w_{2,max}$ /mm	δ_2	$w_{3,m}$ /mm	$w_{3,max}$ /mm	δ_3
82.0	0.12	0.22	0.06	0.07	0.12	0.03	0.11	0.23	0.07
102.5	0.17	0.38	0.11	0.10	0.19	0.06	0.16	0.41	0.11
123.0	0.37	1.30	0.35	0.19	0.42	0.13	0.26	0.54	0.16
143.5	0.34	0.80	0.23	0.19	0.44	0.14	0.26	0.67	0.21
164.0	0.58	1.16	0.37	0.27	0.64	0.17	0.35	0.83	0.24
184.5	0.57	1.20	0.43	0.30	0.96	0.28	0.41	1.60	0.43

表 4.24　试件 B-6 箍筋处裂缝结果

荷载 /kN	$w_{1,m}$ /mm	$w_{1,max}$ /mm	δ_1	$w_{2,m}$ /mm	$w_{2,max}$ /mm	δ_2	$w_{3,m}$ /mm	$w_{3,max}$ /mm	δ_3
108.0	0.09	0.14	0.06	0.07	0.12	0.05	0.13	0.23	0.09
135.0	0.12	0.22	0.05	0.09	0.18	0.04	0.17	0.56	0.13
162.0	0.18	0.52	0.10	0.12	0.22	0.05	0.18	0.35	0.09
189.0	0.23	0.50	0.12	0.15	0.32	0.08	0.23	0.43	0.12
216.0	0.36	0.96	0.20	0.21	0.52	0.10	0.27	0.62	0.12

表 4.25　试件 B-7 箍筋处裂缝结果

荷载 /kN	$w_{1,m}$ /mm	$w_{1,max}$ /mm	δ_1	$w_{2,m}$ /mm	$w_{2,max}$ /mm	δ_2	$w_{3,m}$ /mm	$w_{3,max}$ /mm	δ_3
78.0	0.06	0.07	0.02	0.04	0.04	0.01	0.05	0.05	0.01
97.5	0.09	0.17	0.04	0.06	0.12	0.03	0.09	0.17	0.04
117.0	0.15	0.38	0.09	0.11	0.28	0.07	0.18	0.47	0.13
136.5	0.27	0.60	0.16	0.18	0.42	0.11	0.27	0.67	0.19
156.0	0.36	1.00	0.24	0.24	0.54	0.14	0.34	0.89	0.20

表 4.26　试件 B-8 箍筋处裂缝结果

荷载 /kN	$w_{1,m}$ /mm	$w_{1,max}$ /mm	δ_1	$w_{2,m}$ /mm	$w_{2,max}$ /mm	δ_2	$w_{3,m}$ /mm	$w_{3,max}$ /mm	δ_3
132.0	0.13	0.24	0.09	0.16	0.24	0.15	0.13	0.41	0.16
154.0	0.20	0.40	0.11	0.13	0.30	0.06	0.23	0.62	0.17
176.0	0.28	0.70	0.20	0.16	0.34	0.11	0.24	0.70	0.21

表 4.27　试件 B-9 箍筋处裂缝结果

荷载 /kN	$w_{1,m}$ /mm	$w_{1,max}$ /mm	δ_1	$w_{2,m}$ /mm	$w_{2,max}$ /mm	δ_2	$w_{3,m}$ /mm	$w_{3,max}$ /mm	δ_3
77.5	0.15	0.25	0.14	0.06	0.08	0.04	0.06	0.08	0.03
93.0	0.11	0.20	0.06	0.06	0.08	0.02	0.07	0.10	0.03
108.5	0.19	0.22	0.03	0.13	0.18	0.05	0.19	0.31	0.10
124.0	0.23	0.55	0.15	0.16	0.36	0.11	0.27	0.70	0.21
139.5	0.48	1.30	0.39	0.26	0.60	0.19	0.35	0.83	0.24
155.0	0.47	1.20	0.31	0.24	0.60	0.14	0.31	0.86	0.22
170.5	0.60	1.46	0.40	0.28	0.68	0.18	0.39	1.22	0.31

表 4.28　试件 B-10 箍筋处裂缝结果

荷载 /kN	$w_{1,m}$ /mm	$w_{1,max}$ /mm	δ_1	$w_{2,m}$ /mm	$w_{2,max}$ /mm	δ_2	$w_{3,m}$ /mm	$w_{3,max}$ /mm	δ_3
120.0	0.07	0.08	0.01	0.06	0.07	0.01	0.14	0.20	0.05
150.0	0.15	0.30	0.11	0.14	0.22	0.15	0.39	0.28	0.31
180.0	0.22	0.34	0.11	0.14	0.36	0.07	0.21	0.50	0.06
210.0	0.29	0.48	0.17	0.23	0.36	0.11	0.37	0.82	0.13

表 4.29　试件 B-11 箍筋处裂缝结果

荷载 /kN	$w_{1,m}$ /mm	$w_{1,max}$ /mm	δ_1	$w_{2,m}$ /mm	$w_{2,max}$ /mm	δ_2	$w_{3,m}$ /mm	$w_{3,max}$ /mm	δ_3
105.0	0.12	0.24	0.08	0.09	0.18	0.06	0.17	0.38	0.14
140.0	0.16	0.38	0.11	0.12	0.26	0.08	0.18	0.46	0.14
175.0	0.25	0.78	0.23	0.16	0.44	0.12	0.27	0.60	0.20
210.0	0.29	0.70	0.18	0.20	0.50	0.13	0.29	0.72	0.20
245.0	0.33	0.80	0.19	0.20	0.56	0.15	0.32	0.80	0.23

表 4.30　试件 B-12 箍筋处裂缝结果

荷载 /kN	$w_{1,m}$ /mm	$w_{1,max}$ /mm	δ_1	$w_{2,m}$ /mm	$w_{2,max}$ /mm	δ_2	$w_{3,m}$ /mm	$w_{3,max}$ /mm	δ_3
104.0	0.13	0.20	0.08	0.08	0.12	0.05	0.22	0.36	0.21
130.0	0.15	0.51	0.21	0.11	0.21	0.08	0.15	0.40	0.15
156.0	0.31	0.70	0.16	0.16	0.24	0.04	0.22	0.46	0.09
182.0	0.31	0.50	0.14	0.20	0.34	0.08	0.36	0.76	0.21
208.0	0.42	0.80	0.21	0.28	0.60	0.15	0.45	1.20	0.36

另外,我国《混凝土结构设计规范》(GB 50010—2010)规定的最大裂缝宽度是

统计意义下具有 95％保证率的特征裂缝宽度,与实测的最大裂缝宽度有着根本区别。根据以往试验结果,正截面裂缝宽度一般服从正态分布,在此基础上,《混凝土结构设计规范》(GB 50010—2010)采用将平均裂缝宽度乘以短期裂缝宽度扩大系数 $\tau_s=1.66$ 的方法以满足相应的保证率要求,采用长期裂缝宽度扩大系数 $\tau_l=1.5$ 来反映混凝土收缩、徐变等对裂缝宽度的影响。根据本章试验,斜截面裂缝宽度并不完全服从正态分布(以试件 B-3 为例,如图 4.33 所示),难以像正截面裂缝宽度那样通过数学运算得到短期裂缝宽度扩大系数 τ_s;另一方面,本次试验是在短期荷载作用下进行的,不能得到长期裂缝宽度扩大系数 τ_l。因此,本章从实际出发,直接采用实测的最大斜裂缝宽度作为检验标准(显然,这里给出的最大裂缝宽度比具有 95％保证率的统计最大裂缝宽度要偏大一些,考虑到长期荷载作用对裂缝宽度增大的影响,因此可以近似将其作为特征裂缝宽度)。

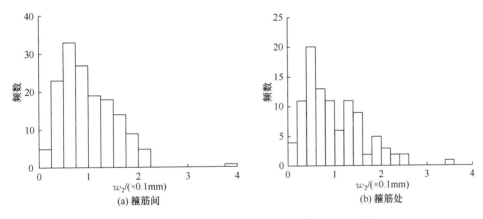

图 4.33　试件 B-3 斜裂缝宽度 w_2 频数分布直方图

在正常使用阶段,荷载水平 V_{ser} 与抗剪承载力设计值 V_{ck} 之间有如下关系[6,7]:

$$V_{ser}=V_{ck}/1.267\approx0.8V_{ck} \tag{4.4}$$

工程设计中,剪切破坏属于极力避免的脆性力学性能,抗剪承载力被赋予了较高的安全储备(承载力设计值较试验值明显偏小),从而在正常使用荷载水平下,斜裂缝宽度很小甚至不出现斜裂缝。然而,根据试验结果(图 4.34),使用 500MPa级高强钢筋后,试件的斜裂缝宽度随着箍筋应力的提高而迅速增长,裂缝宽度大多超限。

根据图 4.34,利用插值法,分别得到箍筋处最大斜裂缝宽度为 0.2mm 时的荷载值 $V_{0.2}$ 和箍筋处最大斜裂缝宽度为 0.3mm 时的荷载值 $V_{0.3}$,见表 4.31。无论是对于 $V_{0.2}$ 还是 $V_{0.3}$,当使用荷载 V_{ser} 不超过设计值 V_{ck} 的 65％时,可以保证斜裂缝宽度不超限。鉴于《混凝土结构设计规范》(GB 50010—2010)尚没有给出斜裂缝宽度计算公式,建议以 $V_{ser}\leqslant0.65V_{ck}$ 作为控制斜裂缝宽度的等效条件。因此,在裂缝

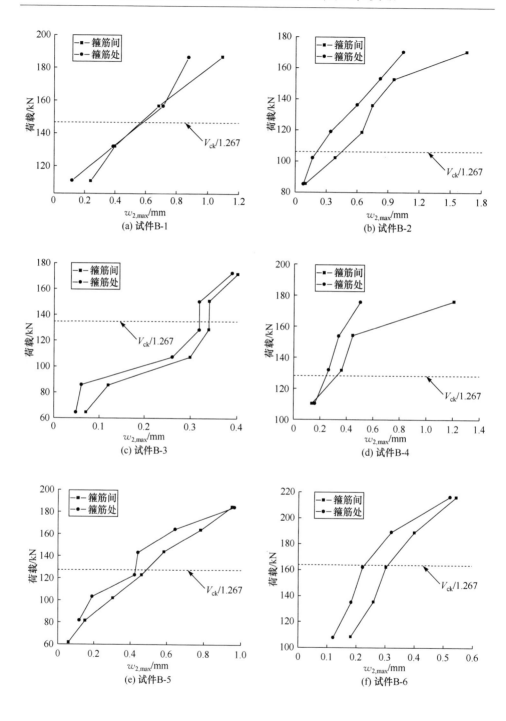

(a) 试件B-1　　　　　　　　　　　(b) 试件B-2

(c) 试件B-3　　　　　　　　　　　(d) 试件B-4

(e) 试件B-5　　　　　　　　　　　(f) 试件B-6

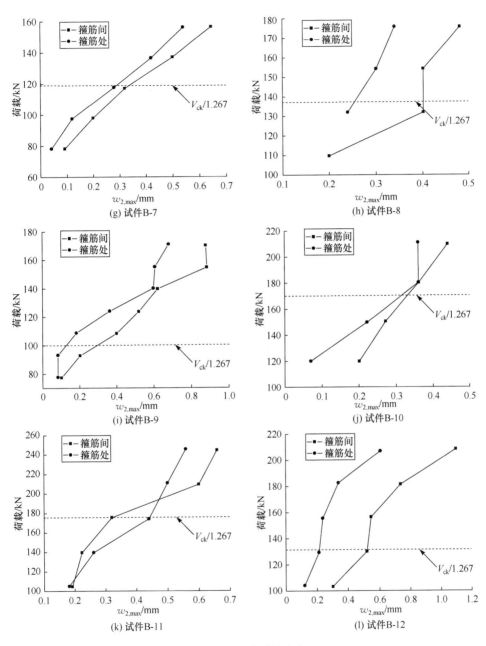

图 4.34　最大裂缝宽度

宽度控制时除了验算使用阶段的最大弯矩处正截面裂缝宽度外,还需同时对相应部位的最大剪力进行验算,以满足斜裂缝宽度的控制要求。这对于以高强钢筋作箍筋的混凝土构件设计是需要特别注意的。

表 4.31 不同斜裂缝宽度下的荷载对比

试件编号	V_{ck}/kN	$V_{0.2}$/kN	$V_{0.3}$/kN	$V_{0.2}/V_{ck}$	$V_{0.3}/V_{ck}$
B-1	185.95	104.14	106.88	0.560	0.575
B-2	131.37	97.31	105.78	0.741	0.805
B-3	174.23	107.50	101.05	0.617	0.580
B-4	164.16	126.00	118.80	0.768	0.724
B-5	162.33	102.50	103.39	0.631	0.637
B-6	205.27	162.00	148.50	0.789	0.723
B-7	151.72	113.75	107.25	0.750	0.707
B-8	173.36	121.00	117.33	0.698	0.677
B-9	126.96	100.75	110.22	0.794	0.868
B-10	214.40	160.00	146.00	0.746	0.681
B-11	224.11	168.00	113.75	0.750	0.508
B-12	167.79	104.00	127.11	0.620	0.758

注:抗剪承载力设计值 V_{ck} 由式(4.1)计算得到(各材料采用强度设计值)。

4.4 结 论

本章通过对配置高强钢筋的混凝土梁的受剪性能进行试验研究,得到以下主要结论:

(1)抗剪承载力试验值与计算值之比均值为 0.984,变异系数为 0.100,表明《混凝土结构设计规范》(GB 50010—2010)抗剪承载力计算公式适用于配置 500MPa 级高强箍筋的混凝土梁。

(2)试件均为脆性破坏;其中,剪跨比较大的试件接近斜拉破坏,剪跨比较小的试件接近斜压破坏。

(3)对于正截面开裂弯矩试验值和计算值之比的均值,无人造裂缝时为 0.764,有人造裂缝时为 0.678,即设置人造裂缝后会略微降低正截面开裂弯矩,但影响不大。

(4)高强箍筋能在普通混凝土梁中使用,减少钢筋用量,即使不和高强混凝土搭配(低于 C50),只要设计良好,500MPa 级箍筋依然能充分发挥作用,达到屈服强度。在部分试验梁中,甚至出现箍筋拉断的现象。

(5)当荷载较小时,根据《混凝土结构设计规范》(GB 50010—2010)公式得到的挠度计算值与试验值接近;但当荷载水平较高时,由于低估剪切变形的影响,《混凝土结构设计规范》(GB 50010—2010)公式计算值明显偏小。

（6）配置 500MPa 级高强箍筋后，试件的抗剪承载力有所提高，但在正常使用荷载水平下会面临斜裂缝宽度超限的问题。本章建议箍筋间的斜裂缝宽度不超过 0.3mm，箍筋处斜裂缝宽度不超过 0.2mm；同时，为保证正常使用阶段斜裂缝宽度不超限，建议正常使用阶段的最大剪力不应超过《混凝土结构设计规范》（GB 50010—2010）设计值的 65%。

参 考 文 献

[1] 中华人民共和国住房和城乡建设部. GB 50010—2010　混凝土结构设计规范[S]. 北京：中国建筑工业出版社，2011.

[2] 中华人民共和国建设部. GB 50152—92　混凝土结构试验方法标准[S]. 北京：中国建筑工业出版社，2008.

[3] 中华人民共和国建设部. GB/T 50081—2002　普通混凝土力学性能试验方法标准[S]. 北京：中国建筑工业出版社，2003.

[4] 中华人民共和国国家质量监督检验检疫总局. GB/T 228—2002　金属材料 室温拉伸试验方法[S]. 北京：中国标准出版社，2002.

[5] 赵国藩. 钢筋混凝土结构的裂缝控制[M]. 北京：海洋出版社，1991：78-159.

[6] 李娟. HRB500 级箍筋混凝土梁斜截面受力性能试验研究[D]. 长沙：湖南大学硕士学位论文，2007：52-79.

[7] 李艳艳. HRB400 钢筋混凝土梁受剪斜裂缝宽度的试验研究[D]. 天津：河北工业大学硕士学位论文，2005：46-60.

第5章 配置高强钢筋预应力混凝土梁的抗弯性能试验研究和分析

本章通过对配 HRBF500 级钢筋的 18 根预应力混凝土梁和 2 根普通钢筋混凝土梁的抗弯性能试验,研究配置高强钢筋预应力混凝土梁的受弯破坏形态、受弯承载力及挠度等,并对《混凝土结构设计规范》(GB 50010—2002)[1]相关规定进行验证。

5.1 方案介绍

5.1.1 试件设计

共设计制作了 20 根试件,主要考虑了非预应力纵筋直径、预应力筋面积 A_p 及其合力点至受拉区混凝土边缘的距离 a_p 等参数,混凝土设计强度等级为 C40 和 C60,预应力筋采用 1×7 标准型公称直径为 ϕ^s15.2 的低松弛钢绞线,纵向受拉非预应力筋采用 HRBF500 级钢筋。各试件基本情况见表 5.1,试件的尺寸和配筋如图 5.1 所示。

表 5.1 试件基本参数

试件编号	$b \times h \times L$ /(mm×mm×mm)	混凝土强度等级	预应力纵筋				非预应力纵筋	
			A_p /mm²	a_p /mm	σ_{con} /MPa	σ_{pe} /MPa	A_s /mm²	c /mm
PC-1	250×450×4500	C40	3ϕ^s15.2	91	1149	822	3Φ^F20	30
PC-2	250×450×4500	C40	3ϕ^s15.2	151	1149	778	3Φ^F20	30
PC-3	250×450×4500	C40	3ϕ^s15.2	89	1149	748	2Φ^F25	30
PC-4	250×450×4500	C40	3ϕ^s15.2	152	1149	754	2Φ^F25	30
PC-5	250×450×4500	C40	4ϕ^s15.2	92	1149	752	3Φ^F20	30
PC-6	250×450×4500	C40	4ϕ^s15.2	153	1149	770	2Φ^F25	30
PC-7	250×450×4500	C40	4ϕ^s15.2	88	764	389	3Φ^F20	30
PC-8	250×450×4500	C40	4ϕ^s15.2	147	764	440	2Φ^F25	30
PC-9	300×600×6000	C60	4ϕ^s15.2	116	1150	835	3Φ^F20	40
PC-10	300×600×6000	C60	4ϕ^s15.2	175	1150	862	3Φ^F20	40
PC-11	300×600×6000	C60	4ϕ^s15.2	118	1150	862	3Φ^F25	40

续表

试件编号	$b×h×L$ /(mm×mm×mm)	混凝土强度等级	预应力纵筋				非预应力纵筋	
			A_p /mm²	a_p /mm	σ_{con} /MPa	σ_{pe} /MPa	A_s /mm²	c /mm
PC-12	300×600×6000	C60	$4\phi^s15.2$	176	1150	888	3ΦF25	40
UPC-1	250×450×4500	C40	$3\phi^s15.2$	89	1121	987	3ΦF20	30
UPC-2	250×450×4500	C40	$3\phi^s15.2$	147	1121	972	3ΦF20	30
UPC-3	250×450×4500	C40	$3\phi^s15.2$	86	1121	986	2ΦF25	30
UPC-4	250×450×4500	C40	$3\phi^s15.2$	146	1121	965	2ΦF25	30
UPC-5	300×600×6000	C60	$4\phi^s15.2$	117	1122	988	3ΦF20	40
UPC-6	300×600×6000	C60	$4\phi^s15.2$	176	1122	995	3ΦF20	40
RC-1	250×450×4500	C40	0	0	0	—	3ΦF20	30
RC-2	250×450×4500	C40	0	0	0	—	2ΦF25	30

注：(1) 架立筋均采用 2Φ18,其混凝土保护层厚度为 25mm,腰筋:试件 PC-1～PC-8、UPC-1～UPC-4 和 RC-1、RC-2 配置 2Φ14,试件 PC-9～PC-12 和 UPC-5、UPC-6 配置 4Φ14。

(2) 预应力灌孔水泥浆设计强度等级为 M30,采用水灰比约为 0.4 的纯水泥浆,并内掺 U 型混凝土膨胀剂和 Sika V2 型高效减水剂。

(3) 对于无粘结预应力混凝土试件(UPC 系列)的钢绞线,除 UPC-1 和 UPC-2 为单根分散布置外,其余均为集中一束布置。

(4) 预应力筋孔道成型方式为预埋 JBG-55B 型金属波纹管,波纹管内径 55mm。

(5) 采用 OVM 锚固体系,张拉端和固定端为 M15 锚具,预应力筋呈直线布置,一端张拉。

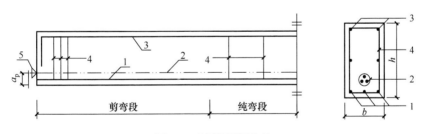

图 5.1　试件配筋示意
1. 受拉非预应力纵筋;2. 预应力纵筋(钢绞线);3. 架立筋;4. 箍筋;5. 锚具

5.1.2　加载方式和加载制度

1. 加载装置

采用两点集中、同步分级正向加载方式,由千斤顶及反力架施加竖向荷载,如图 5.2 所示。

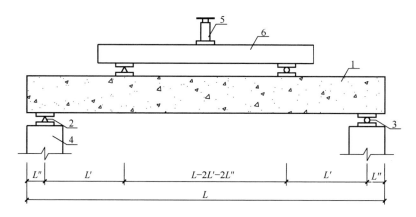

图 5.2　加载装置示意图

1. 试件；2. 固定铰支座；3. 滚动铰支座；4. 支墩；5. 千斤顶；6. 分配梁

支座到试件边缘的距离 $L''=0.15\text{m}$，剪跨 $L'=1.2\text{m}$（当 $L=4.5\text{m}$ 时）或者 $L'=1.65\text{m}$（当 $L=6.0\text{m}$ 时）

2. 加载制度

采用单调分级加载制度：试件开裂前，以 $0.05P_u$（P_u 为计算极限荷载）分级加载，以捕捉开裂时刻；试件开裂后，荷载级差增至 $0.1P_u$。每级荷载持续 10min（试件开裂前后及破坏前，适当延长持荷时间），待荷载和变形稳定后采集数据[2]。

5.1.3　材性测试

本次试件分三批浇注，分别留置 3 组标准混凝土立方体试块和 3 组标准水泥浆立方体试块，所有试块均与试件同条件养护。混凝土、非预应力纵筋和灌浆料的力学性能指标[3,4]实测结果分别见表 5.2 和表 5.3。

表 5.2　混凝土和非预应力纵筋的力学性能指标　　（单位：N/mm²）

试件编号	PC-1～PC-5	PC-6～PC-8	PC-9～PC-12	UPC-1～UPC-4	UPC-5、UPC-6	RC-1、RC-2
f_{cu}	39.8	38.4	50.3	38.4	50.3	39.8
f_y	545.6	545.6	545.6	545.6	545.6	545.6
σ_b	693.9	693.9	693.9	693.9	693.9	702.8

注：f_{cu} 为混凝土的立方体抗压强度；f_y 和 σ_b 分别为非预应力纵筋的屈服强度和极限强度。

表 5.3　灌浆料的力学性能指标　　　　（单位：N/mm²）

试件编号	PC-1～PC-8、UPC-1～UPC-4			PC-9～PC-12、UPC-5、UPC-6		
测试时段	试验前	试验中	试验后	试验前	试验中	试验后
立方体抗压强度	19.6	27.4	28.5	29.5	36.4	38.3

5.1.4　试件测试

1. 量测内容

（1）纵筋（包括预应力筋和非预应力筋）应变。

（2）混凝土平均应变。

（3）挠度。

（4）裂缝宽度和裂缝间距。

2. 测点布置

1）钢筋应变测点

在钢筋表面粘贴 BX120-3AA 型电阻应变片，以监测张拉和加载过程中纵向受拉钢筋的应力变化，测点布置如图 5.3 所示。非预应力筋和钢绞线的应变片均以试件中线为基准，布置于左右两侧各 200mm 位置处；钢绞线上的应变测点取自不同束的两根；当受拉区配置 3 根非预应力筋时，处在中间的钢筋不布置测点。

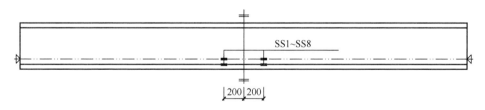

图 5.3　钢筋应变测点

2）混凝土平均应变测点

混凝土平均应变采用标距为 400mm 的 YHD-50 型位移计进行测量，在跨中一侧试件表面沿高度方向布置 4 个位移计，以量测混凝土沿截面高度的应变分布情况；在试件顶面错开布置 3 个位移计，以量测顶面的混凝土应变。测点布置如图 5.4 所示。

3）挠度测点

共布置 6 个位移计，用于测量试件的挠度变形，如图 5.5 所示（未加括号的数

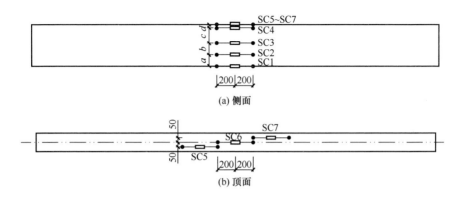

图 5.4 混凝土平均应变测点

当 $a_p = 90$mm 时，$a = b = 155$mm，$c = 50$mm，$d = 40$mm；

当 $a_p = 150$mm 时，$a = b = 125$mm，$c = 110$mm，$d = 40$mm

字对应于梁长 $L = 4.5$m 的试件，括号中的数字对应于梁长 $L = 6.0$m 的试件）；图中，f_1 和 f_2 用于监测两端支座沉降；f_3、f_4 和 f_5 用于测量纯弯段梁的竖向位移（除 f_4 处布置 2 个位移计，其余测点均布置 1 个位移计）。

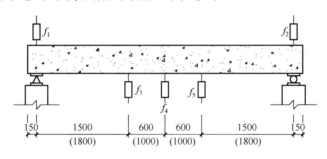

图 5.5 挠度测点布置

3. 裂缝观测

试验前将试件两侧表面及底面用白色涂料刷白，绘制 50mm×50mm 的网格线，并在纵向受拉非预应力筋和钢绞线对应的侧表面水平位置处及非预应力纵筋中心的底面投影和底面中线等位置处用墨线标记，以便测量裂缝宽度和裂缝间距。试件开裂后，用红色油性笔在试件两侧表面及底面标记裂缝位置和开展情况，同时借助裂缝宽度读数仪测量各级荷载（试件开裂至纵向受拉非预应力筋屈服）下的裂缝宽度；待纵向受拉非预应力筋即将屈服时，用钢直尺量测裂缝间距。

4. 预应力损失与有效预应力

根据表 5.1 所示的张拉控制应力对各个试件进行张拉，仅考虑锚固回缩损失和徐变损失,得到各个试件的有效预应力值,见表 5.4。

表 5.4 预应力损失与有效预应力 （单位:MPa）

试件编号	张拉控制应力 σ_{con}	锚固回缩损失 σ_{l1}	徐变损失 σ_{l5}	有效预应力 σ_{pe}
PC-1	1149	212	70	867
PC-2	1149	273	53	823
PC-3	1149	288	68	793
PC-4	1149	299	51	799
PC-5	1149	281	71	797
PC-6	1149	273	61	815
PC-7	764	286	59	419
PC-8	764	240	54	470
PC-9	1150	205	65	880
PC-10	1150	189	54	907
PC-11	1150	189	61	900
PC-12	1150	163	54	933

5.2 试验现象及破坏特征总结

5.2.1 试验现象

（1）开始加载时,试件表现为弹性变形特征,挠度随荷载近似呈线性增长,纵向受拉钢筋和混凝土应变的增长也很稳定。

（2）当荷载增至 $(0.2\sim0.3)P_u$ 时,在纯弯段底面及两侧表面发现一条或多条裂缝（钢筋应力出现突变）,裂缝宽度较小,侧表面的裂缝一般可延伸至 1/4 梁高范围,荷载-挠度曲线出现明显转折（较前一阶段,此后挠度增长速度加快）。

（3）随着荷载进一步增长,纯弯段的裂缝数目逐渐增多,裂缝宽度增大,并且在剪跨区段出现斜裂缝;当荷载增至约 $0.6P_u$ 时,裂缝基本出齐。在此阶段,直至钢筋屈服前,挠度随荷载呈线性稳定增长。

（4）当荷载接近 P_u 时,非预应力筋进入流塑状态（钢绞线仍保持弹性）,M-f 曲线出现第二次明显转折,挠度进一步加快增长,而荷载增幅有限。

（5）当荷载达到 P_u 时,跨中附近的裂缝宽度和挠度均迅速增长,直至受压区混凝土被压碎,试件破坏。

5.2.2 破坏特征

试件破坏始于受拉区非预应力纵筋屈服,然后受压区混凝土被压碎,属于延性破坏（由于受拉区钢绞线可能尚未屈服,因此与普通混凝土梁的适筋破坏有所区别）。

5.3　试验结果及分析

5.3.1　荷载-挠度曲线

图 5.6 为试件的荷载-挠度曲线。可以看出，M-f 曲线基本呈三折线形状，曲线上的两个转折点，分别对应于受拉区混凝土开裂和非预应力纵筋屈服的状态。由于试件临近破坏时，位移计多因故障而失效，图中 M-f 曲线均不完整。

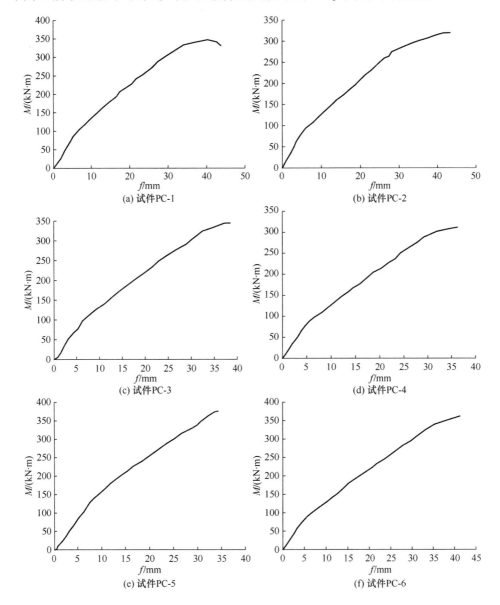

(a) 试件PC-1　　　　　　　　　　(b) 试件PC-2

(c) 试件PC-3　　　　　　　　　　(d) 试件PC-4

(e) 试件PC-5　　　　　　　　　　(f) 试件PC-6

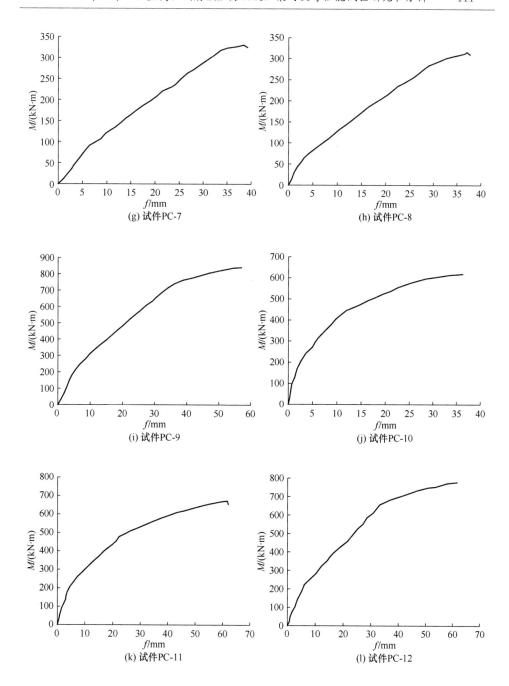

(g) 试件PC-7

(h) 试件PC-8

(i) 试件PC-9

(j) 试件PC-10

(k) 试件PC-11

(l) 试件PC-12

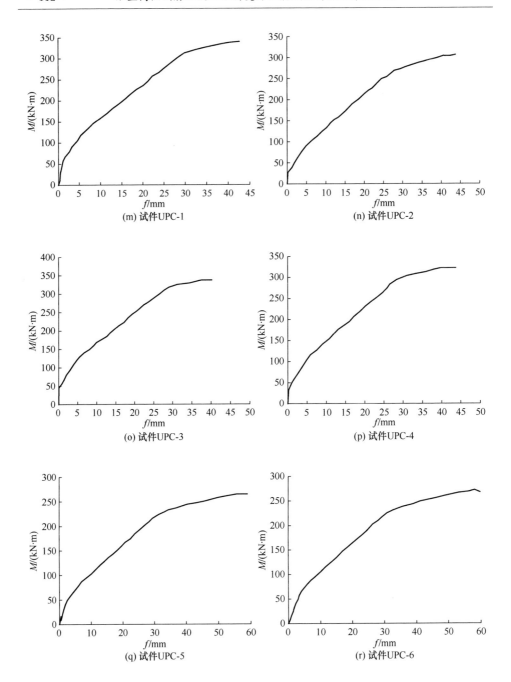

(m) 试件UPC-1

(n) 试件UPC-2

(o) 试件UPC-3

(p) 试件UPC-4

(q) 试件UPC-5

(r) 试件UPC-6

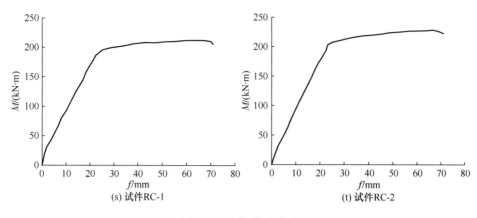

(s) 试件RC-1　　　　　　　　　　　(t) 试件RC-2

图 5.6　荷载-挠度曲线

5.3.2　钢筋应变

图 5.7 为非预应力纵筋平均应变增量随荷载的变化曲线。可以看出：

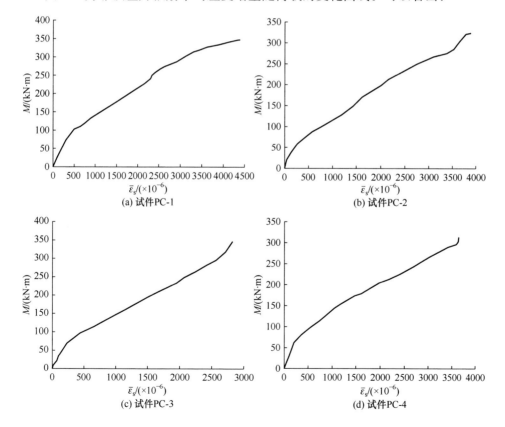

(a) 试件PC-1　　　　　　　　　　　(b) 试件PC-2

(c) 试件PC-3　　　　　　　　　　　(d) 试件PC-4

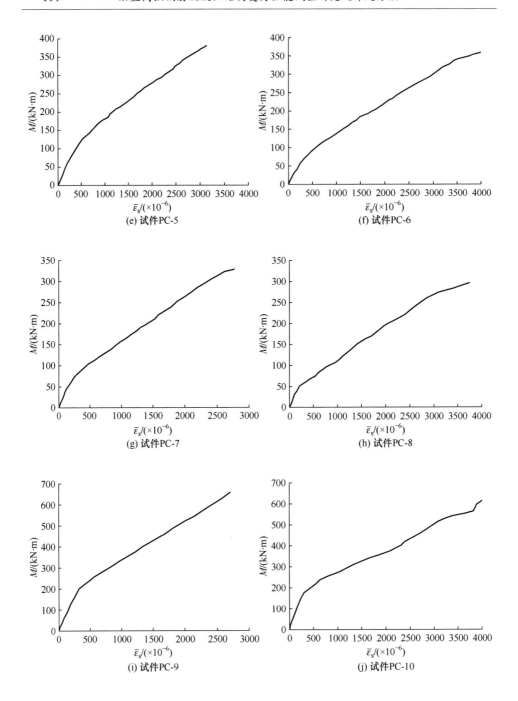

(e) 试件PC-5

(f) 试件PC-6

(g) 试件PC-7

(h) 试件PC-8

(i) 试件PC-9

(j) 试件PC-10

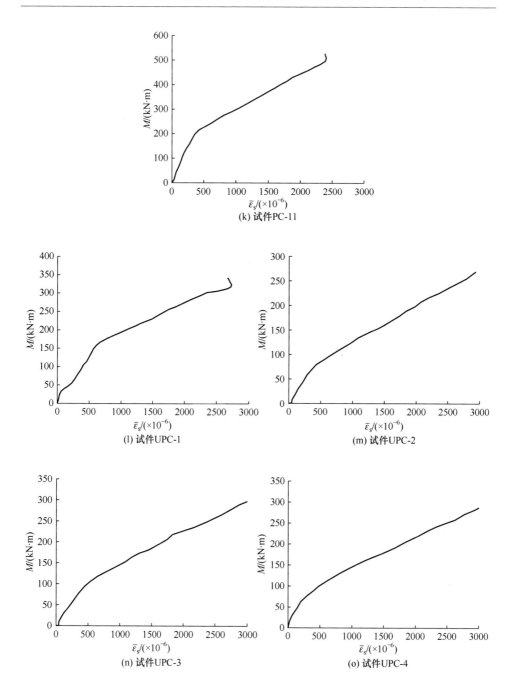

(k) 试件PC-11

(l) 试件UPC-1

(m) 试件UPC-2

(n) 试件UPC-3

(o) 试件UPC-4

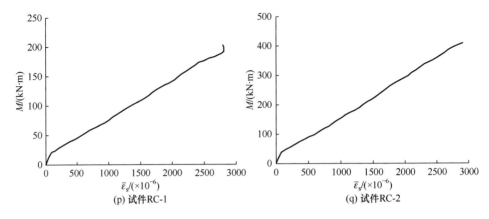

图 5.7　非预应力纵筋平均应变随荷载的变化曲线

（1）同荷载-挠度曲线类似，弯矩-非预应力纵筋应变增量曲线呈三折线（由于应变增量未扣除预应力引起的初始压应变，因而曲线上第 2 个转折点所对应的平均应变值，大于钢筋材性试验测得的屈服应变）。

（2）试件达到极限状态时，非预应力纵筋均能屈服。

5.3.3　混凝土平均应变

图 5.8 为混凝土平均应变沿截面高度的分布情况，可以看出：

（1）各级荷载下混凝土的平均应变沿截面高度服从线性分布，平截面假定依然成立。

（2）在受弯承载力极限状态下，混凝土受压破坏的同时，受拉区非预应力纵筋一般能达到屈服强度。

以上两点表明，我国《混凝土结构设计规范》（GB 50010—2002）中规定的受弯构件承载力计算方法适用于本次试验的各个试件。

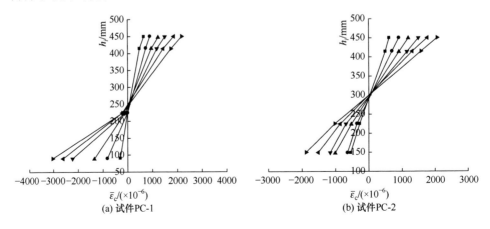

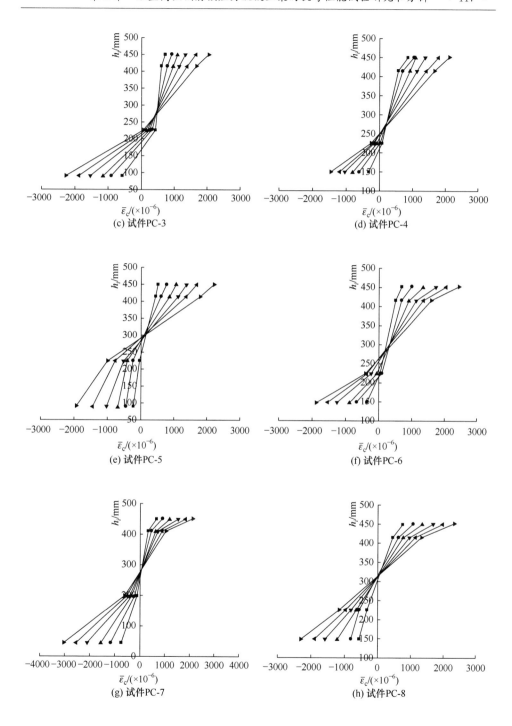

(c) 试件 PC-3

(d) 试件 PC-4

(e) 试件 PC-5

(f) 试件 PC-6

(g) 试件 PC-7

(h) 试件 PC-8

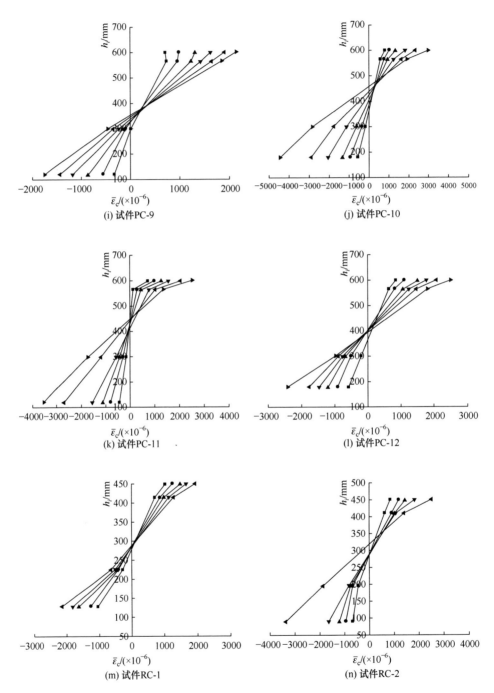

图 5.8　混凝土平均应变实测结果

h_i 为测点沿截面的高度；$\bar{\varepsilon}_c$ 为 h_i 位置处的混凝土平均应变

5.3.4　抗弯承载能力

根据图 5.9,利用平截面假定和应变协调条件,建立受弯极限状态即受拉非预应力纵筋屈服时的静力平衡方程

$$\begin{cases} \alpha_1\beta_1 f_{ck}bx + \sigma_s' A_s' = f_{yk}A_s + \sigma_{ps}A_p \\ M_u = \sigma_{ps}A_p(h_p - a_s') + f_{yk}A_s(h_s - a_s') - \alpha_1\beta_1 f_{ck}bx(0.5\beta_1 x - a_s') \end{cases} \tag{5.1}$$

式中,σ_s' 和 σ_{ps} 分别为受压区非预应力纵筋和受拉区钢绞线的应力;a_s' 为受压非预应力纵筋重心至混凝土近边缘的距离(取为 33mm);x 为中和轴高度;其余符号参见《混凝土结构设计规范》(GB 50010—2002)[1]。

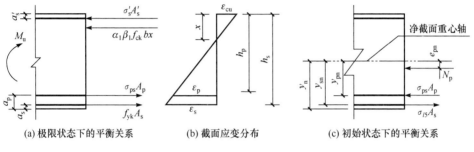

(a) 极限状态下的平衡关系　　(b) 截面应变分布　　(c) 初始状态下的平衡关系

图 5.9　受力分析

σ_{ps} 包含两个部分:钢绞线合力点处混凝土压应力为零时的应力 σ_{p0}($\sigma_{p0} = \sigma_{pe} + \alpha_p\sigma_{pc1}$)和按平截面假定确定的附加应力[$E_p\varepsilon_{cu}(h_p - x)/x$],即

$$\sigma_{ps} = \sigma_{pe} + \alpha_p\sigma_{pc1} + E_p\varepsilon_{cu}(h_p - x)/x \tag{5.2}$$

式中,σ_{pe} 为有效预应力,可以通过受拉非预应力纵筋和钢绞线的实测应变、油压控制等方法直接获得,也可以通过实测开裂弯矩 M_{cr}[$M_{cr} = (\sigma_{pc2} + \gamma f_{tk})W_0$]反算得到;$\sigma_{pc1}$ 为扣除全部预应力损失后,由预加力在钢绞线合力点处产生的混凝土压应力。相关计算公式如下:

$$\sigma_{pc1} = \frac{N_p}{A_n} + \frac{N_p e_{pn}}{I_n}y_{pn} \tag{5.3}$$

$$\sigma_{pc2} = \frac{N_p}{A_n} + \frac{N_p e_{pn}}{I_n}y_n \tag{5.4}$$

$$N_p = \sigma_{pe}A_p - \sigma_{l5}A_s \tag{5.5}$$

$$e_{pn} = \frac{\sigma_{pe}A_p y_{pn} - \sigma_{l5}A_s y_{sn}}{N_p} \tag{5.6}$$

$$\sigma_{l5} = 0.6\frac{0.9\alpha_p\sigma_{pc1}\phi_\infty + E_s\varepsilon_\infty}{1 + 15\rho} \tag{5.7}$$

$$\sigma_{pc1} = \frac{(\sigma_{con} - \sigma_{l1})A_p}{A_n} + \frac{(\sigma_{con} - \sigma_{l1})A_p y_{pn}}{I_n}y_n \tag{5.8}$$

式中，A_n、I_n 分别为净截面面积和惯性矩；y_n 为净截面重心至混凝土受拉边缘的距离；y_{pn} 为净截面重心至钢绞线合力点的距离，$y_{pn} = y_n - a_p$；y_{sn} 为净截面重心至受拉非预应力纵筋重心的距离，$y_{sn} = y_n - a_s$；a_p 为钢绞线与混凝土的弹性模量之比；ϕ_∞、ε_∞ 分别为混凝土徐变系数和收缩应变的极值；γ 为截面抵抗矩塑性影响系数，$\gamma = 1.55(0.7 + 120/h)$；$W_0$ 为换算截面受拉边缘的弹性抵抗矩；配筋率 $\rho = (A_p + A_s)/A_n$。

根据以上公式，得到抗弯承载力实测值与计算值的对比结果，见表 5.5。M_u^t/M_u^c 的平均值为 1.042，变异系数为 0.109，即按平截面假定和应变协调条件得到的计算值与实测值符合较好。

表 5.5 抗弯承载力实测值与计算值对比

试件编号	$M_u^t/(kN \cdot m)$	$M_u^c/(kN \cdot m)$	$M_{cr}^t/(kN \cdot m)$	$M_{cr}^c/(kN \cdot m)$	M_u^t/M_u^c
PC-1	348.4	325.1	102.2	98.4	1.072
PC-2	325.0	277.0	75.8	87.5	1.173
PC-3	346.9	325.8	96.4	96.8	1.065
PC-4	312.5	277.8	73.9	86.3	1.125
PC-5	380.0	371.1	119.8	138.3	1.024
PC-6	364.3	271.0	91.5	92.6	1.344
PC-7	331.4	297.1	75.8	82.6	1.115
PC-8	315.8	261.0	65.0	73.4	1.210
PC-9	843.8	600.6	198.1	224.9	1.405
PC-10	603.2	517.3	167.8	202.3	1.166
PC-11	653.1	662.1	197.9	196.7	0.986
PC-12	777.4	598.4	171.0	215.6	1.299
UPC-1	342.9	320.3	106.4	124.5	1.070
UPC-2	308.1	276.8	84.6	97.5	1.113
UPC-3	336.2	322.8	106.4	112.6	1.041
UPC-4	325.1	279.8	84.6	87.9	1.162
UPC-5	735.9	657.4	214.8	231.5	1.119
UPC-6	676.5	683.7	184.1	179.4	0.989
RC-1	212.0	176.8	30.2	31.2	1.199
RC-2	228.3	182.1	30.2	32.5	1.254

注：M_u^t 为抗弯承载力实测值（含试件及加载设备自重）；M_u^c 为根据式(5.1)计算的极限弯矩；M_{cr}^t 和 M_{cr}^c 分别为开裂弯矩试验值和计算值。

5.4　结　　论

本章对采用 HRBF500 级钢筋作为非预应力纵筋的后张有粘结预应力混凝土梁的试验研究进行了介绍,得到以下主要结论:

(1) 在受弯承载力极限状态下,试件的受拉非预应力纵筋首先屈服,然后受压区混凝土被压碎,呈典型的适筋破坏形态。

(2) 在无粘结预应力混凝土梁中配置 HRBF500 级钢筋作为受拉纵筋,能够有效发挥其屈服强度。

(3) 试件的跨中挠度与受拉非预应力纵筋的平均应变均随荷载呈三折线变化,两个转折点分别对应于受拉区混凝土开裂和非预应力纵筋屈服的状态。

(4) 开裂弯矩实测值与《混凝土结构设计规范》(GB 50010—2002)公式计算值符合较好。

(5) 对于以 HRBF500 级钢筋作为非预应力纵筋的后张有粘结预应力混凝土梁,其正截面抗弯承载力可以按照《混凝土结构设计规范》(GB 50010—2002)相关规定进行计算。

参 考 文 献

[1] 中华人民共和国建设部. GB 50010—2002　混凝土结构设计规范[S]. 北京:中国建筑工业出版社,2002.

[2] 中华人民共和国建设部. GB 50152—92　混凝土结构试验方法标准[S]. 北京:中国建筑工业出版社,2008.

[3] 中华人民共和国建设部. GB/T 50081—2002　普通混凝土力学性能试验方法标准[S]. 北京:中国建筑工业出版社,2003.

[4] 中华人民共和国国家质量监督检验检疫总局. GB/T 228—2002　金属材料 室温拉伸试验方法[S]. 北京:中国标准出版社,2002.

第6章 配置高强钢筋预应力混凝土梁的抗震性能试验研究与分析

本章拟通过9根配置500MPa级钢筋的后张有粘结预应力混凝土梁及1根普通钢筋混凝土梁低周反复加载试验,研究试件的抗震性能(包括滞回特性、承载力、延性、刚度退化和耗能性能等),并研究换算配筋率、有效预应力、预应力筋合力点到试件边缘的距离、预应力强度比、受压钢筋面积的综合配筋指标等参数对试件抗震性能的影响。在此基础上,评估《混凝土结构设计规范》(GB 50010—2010)[1]中预应力混凝土结构抗震设计相关规定的合理性。

6.1 方案介绍

6.1.1 试件设计

共设计10个试件:采用C40混凝土,非预应力纵筋采用HRBF500级,预应力纵筋采用1860级 ϕ^s15.2低松弛钢绞线,直线布筋;成孔管道采用内径55mm的金属波纹管,灌浆料采用42.5普通硅酸盐水泥拌制。各试件具体参数见表6.1(为了便于后续分析,表6.2进一步给出了各个试件的配筋指标计算值)。图6.1为试件的尺寸和配筋示意图。

表6.1 试件基本参数

试件编号	$b \times h \times L$ /(mm×mm×mm)	预应力筋			非预应力筋	
		配筋③	σ_{con}/MPa	a_p/mm	梁底纵筋②	梁顶纵筋①
SPC-1		3ϕ^s15.2	1209	88	4Φ^F16	3Φ^F25
SPC-2		4ϕ^s15.2	1209	88	2Φ^F25	3Φ^F25
SPC-3		6ϕ^s15.2	1209	92	3Φ^F25	4Φ^F25
SPC-4		3ϕ^s15.2	744	85	4Φ^F16	3Φ^F25
SPC-5	250×450×4500	6ϕ^s15.2	744	90	3Φ^F25	4Φ^F25
SPC-6		4ϕ^s15.2	1209	151	2Φ^F25	3Φ^F25
SPC-7		6ϕ^s15.2	1209	146	3Φ^F25	4Φ^F25
SPC-8		4ϕ^s15.2	1209	88	2Φ^F16	3Φ^F25
SPC-9		4ϕ^s15.2	1209	89	2Φ^F16	4Φ^F25
SPC-10		—	—	—	2Φ^F25	3Φ^F25

注:b、h 与 L 分别为截面宽度、截面高度和试件长度;σ_{con} 为张拉控制应力,采用两个应力水平(表中数字744和1209分别对应于 $0.4f_{ptk}$ 和 $0.65f_{ptk}$,f_{ptk} 为预应力筋极限强度标准值);a_p 为预应力筋合力点到试件受拉边缘的距离;箍筋④:采用HRB335级,剪弯段和纯弯段分别配置 Φ12@60 和 Φ12@300;梁底和梁顶纵筋的混凝土保护层厚度均为30mm。

表 6.2　配筋指标

试件编号	λ	$\rho/\%$	$\rho_1/\%$	$\rho_1'/\%$	ξ_p
SPC-1	0.59	1.98	1.15	1.43	0.34
SPC-2	0.61	2.59	1.50	1.43	0.45
SPC-3	0.61	3.88	2.24	1.88	0.67
SPC-4	0.60	1.99	1.16	1.41	0.28
SPC-5	0.61	3.89	2.25	1.91	0.50
SPC-6	0.56	2.59	1.50	1.42	0.54
SPC-7	0.57	3.87	2.24	1.89	0.77
SPC-8	0.80	2.03	0.92	1.41	0.33
SPC-9	0.80	2.04	0.92	1.87	0.34
SPC-10	—	—	0.93	1.40	—

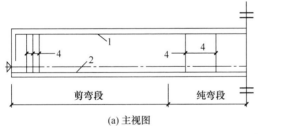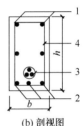

(a) 主视图　　　　　　　　　(b) 剖视图

图 6.1　试件配筋示意

1. 梁顶纵筋；2. 梁底纵筋；3. 钢绞线；4. 箍筋

表 6.2 中，λ、ρ、ρ_1、ρ_1'、ξ_p 分别表示预应力强度比、梁底钢筋换算配筋率、梁底钢筋面积配筋率、梁顶钢筋面积配筋率和综合配筋指标，按下述公式计算：

$$\lambda = f_{py}A_p h_p / (f_{py}A_p h_p + f_y A_s h_s) \tag{6.1}$$

$$\rho = (f_{py}/f_y \cdot A_p + A_s)/(bh_s) \tag{6.2}$$

$$\rho_1 = (A_p + A_s)/(bh_s) \tag{6.3}$$

$$\rho' = A_s'/(bh_s') \tag{6.4}$$

$$\xi_p = (\sigma_{pe}A_p + f_y A_s)/(f_c bh_p) \tag{6.5}$$

式中，f_{py} 和 f_y 分别为预应力筋及非预应力筋的屈服强度；f_c 为混凝土轴心抗压强度；A_p、A_s 和 A_s' 分别为预应力筋及梁底、梁顶非预应力筋的面积；h_p、h_s 和 h_s' 分别为预应力筋和梁底非预应力筋合力点至梁顶边缘的距离及梁顶非预应力筋合力点至梁底边缘的距离；σ_{pe} 为有效预应力。

6.1.2 加载方式和加载制度

1. 加载装置

采用一台 100t 推拉千斤顶进行两点集中加载,如图 6.2 所示。

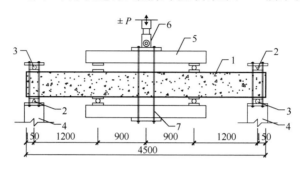

图 6.2 加载装置示意

1. 试件;2. 固定铰支座;3. 滚动铰支座;4. 支墩;5. 分配梁;6. 推拉千斤顶;7. 固定螺杆

2. 加载制度

采用荷载-位移混合控制的加载制度,如图 6.3 所示[2,3]。

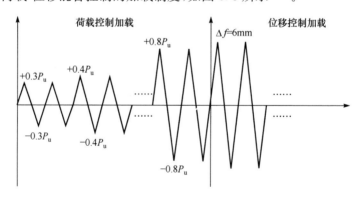

图 6.3 加载制度示意

正、负号分别表示荷载作用方向朝下、朝上

1) 阶段一:荷载控制加载

直接加载到 $0.3P_u^c$(P_u^c 为极限承载力计算值),正反向循环 2 次,此后以 $\pm 0.1P_u^c$ 为步距分级加载,每级循环 2 次。

2) 阶段二:位移控制加载

当荷载达到 $\pm 0.8P_u^c$ 后,改为位移控制加载,位移步距为 6mm,每级循环 2 次,直至正反向承载力下降到 85%峰值荷载,试验结束。

6.1.3 材性测试

1. 混凝土

依据《普通混凝土力学性能试验方法标准》(GB/T 50081—2002)[4]，混凝土的力学性能实测结果见表 6.3。

表 6.3 混凝土的力学性能指标

龄期	f_{cu}/(N/mm²)	f_c/(N/mm²)	灌浆料强度/(N/mm²)	E_c/(×10⁴N/mm²)
48d	40.6	—	43.0	—
135d	51.7	43.5	—	4.26
160d	55.2	—	—	—

注：48d、135d 和 160d 分别对应于张拉预应力筋时、试验前和试验后；f_{cu} 为混凝土立方体抗压强度；f_c 为混凝土棱柱体轴心抗压强度；E_c 为混凝土弹性模量。

2. 钢筋

钢筋材性依据《金属材料 室温拉伸试验方法》(GB/T 228—2002)[5]进行测试，其力学性能实测结果见表 6.4。

表 6.4 钢筋的力学性能指标

钢筋规格	屈服强度 f_y/(N/mm²)	极限强度 f_u/(N/mm²)	弹性模量 E_s/(×10⁵N/mm²)
ΦF16	544	708	1.99
ΦF25	584	765	2.06

6.1.4 试件测试

1. 量测内容

本次试验主要量测内容包括。
(1) 荷载-挠度曲线。
(2) 纵筋(包括预应力筋和非预应力筋)应变。
(3) 混凝土应变。
(4) 裂缝宽度。

2. 测点布置

1) 钢筋应变测点
通过粘贴 BX120-3AA 型应变片测试非预应力纵筋和钢绞线的点应变，测点

布置如图 6.4 所示(以跨中垂线为基准,对称布置),其中:

2 根预应力纵筋:每根布置 2 个应变测点,测点编号 SS1～SS4。

4 根非预应力纵筋:每根布置 3 个应变测点,梁底应变测点编号 SS5～SS10,梁顶应变测点编号 SS11～SS16。

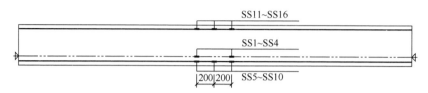

图 6.4　钢筋应变测点

2) 混凝土平均应变测点

在梁侧表面通过 YHD-50 型拉线式位移计(标距为 500mm)测量混凝土平均应变,共布置 4 个测点,测点编号 SC1～SC4,如图 6.5 所示。

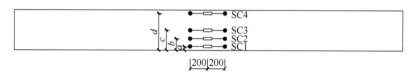

图 6.5　混凝土应变测点

各测点至梁底的距离分别为:$a=40$mm,$b=130$mm,$c=225$mm,$d=415$mm

3) 挠度测点

共布置 8 个挠度测点,如图 6.6 所示:两端梁顶布置 2 个测点 f_1 和 f_2,采用 YHD-30 型位移计,用于监测支座沉降;前后两侧对称布置 f_3～f_5(共 6 个测点,其中 f_4 位置处 2 个测点),采用 YHD-100 型位移计,用于测量跨中挠度。

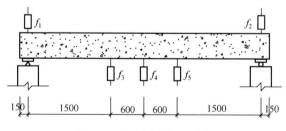

图 6.6　挠度测点布置示意

3. 裂缝观测

试验前将试件两侧用石灰浆刷白,并绘制 50mm×50mm 方格网。试验时,借助放大镜用肉眼查找裂缝。试件开裂后立即对裂缝的发生、发展情况进行仔细观察、拍照和记录,并利用裂缝宽度测量仪和直尺等工具量测各级荷载[(0.3~0.7) P_u^c]下的裂缝宽度。裂缝宽度量测点包括:①梁底边缘;②梁底非预应力纵筋处;③梁底预应力纵筋处;④梁顶非预应力纵筋处;⑤梁顶边缘。

4. 有效预应力

根据表 6.1 所列张拉控制应力对各试件进行张拉,张拉步骤为 $0 \rightarrow 0.2\sigma_{con} \rightarrow 0.6\sigma_{con} \rightarrow 1.0\sigma_{con}$。表 6.5 为各试件的有效预应力实测值,由于预应力筋线型平直,摩擦损失 σ_{l2} 较小,不予考虑,只考虑锚固回缩损失 σ_{l1}。

表 6.5　实测有效预应力　　　　　　　　　（单位:MPa）

试件编号	张拉控制应力 σ_{con}	锚固回缩损失 σ_{l1}	有效预应力 σ_{pe}
SPC-1	1210	282	928
SPC-2	1209	237	972
SPC-3	1210(1210)	268(317)	942(893)
SPC-4	780	141	639
SPC-5	742(742)	217(169)	525(573)
SPC-6	1209	243	966
SPC-7	1229(1210)	302(296)	927(914)
SPC-8	1209	242	967
SPC-9	1209	200	1009

注:试件 SPC-3、SPC-5 和 SPC-7 采用两束预应力筋(每束 3 根钢绞线,内置于 1 个波纹管内),采用两端分别张拉方式,其余试件采用一端张拉方式。

6.2　试验现象及破坏特征总结

6.2.1　试验现象

以试件 SPC-3 为例,试验现象如下(其余试件类似):

开始加载时,试件表现为弹性变形特征,正反向挠度随荷载近似呈线性增长。

接近开裂荷载时,在试件受拉侧观察到一条或多条垂直裂缝,荷载-挠度曲线出现第一次明显转折(与正向加载相比,反向开裂荷载较小,相应的转折点并不明显);随着荷载的增长,裂缝数目增多,裂缝宽度增大;每级荷载下第二次循环的加载刚度同首次卸载时的刚度相同,两次循环下的卸载路径基本重合。

当荷载达到 $\pm 0.6 P_u^t$($\pm P_u^t$ 为正反向极限承载力实测值)左右时,裂缝基本出齐,裂缝高度及宽度不断发展,部分裂缝已贯通整个梁高;正向卸载后,残余变形增长并不明显,梁底裂缝基本闭合,反向卸载后,残余变形有明显增长,梁顶裂缝宽度减小,但未闭合(表明预应力提高了梁的变形恢复及裂缝闭合性能)。

当预应力筋屈服后,采用位移控制加载,挠度随荷载呈加速增长;当荷载接近

$\pm P_u^1$ 时,跨中及加载点处混凝土出现局部压碎和剥落;部分试件观察到沿受压纵筋的水平裂缝,这主要是由于钢筋压屈,在混凝土中引起较大的拉应力。

6.2.2 破坏特征

当承载力下降超过 15% 时标志着试件破坏,本次试验观察到两种破坏形式。

(1)第一种破坏形式:破坏初期,受压区混凝土被压碎,纵筋混凝土保护层出现大范围剥落,在反复荷载作用下受拉纵筋被拉断,受压区混凝土破坏严重,最终导致试件承载力大幅下降,典型代表为试件 SPC-9。

(2)第二种破坏形式:破坏时混凝土压碎现象严重,受压纵筋出现明显的屈曲外鼓,引起大范围的沿纵筋的水平裂缝,部分试件的混凝土保护层被纵筋顶起,箍筋被拉开(继而失去对混凝土的约束作用,使得受压区混凝土的压碎剥落现象迅速加重),最终导致试件破坏,典型代表为试件 SPC-3、SPC-5 和 SPC-7。

各个试件的破坏形态如图 6.7~图 6.16 所示。

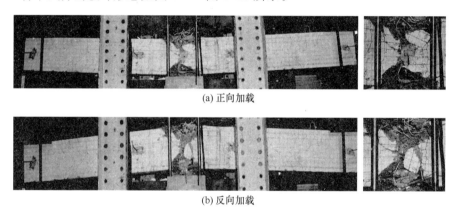

(a) 正向加载

(b) 反向加载

图 6.7　试件 SPC-1 的破坏形态

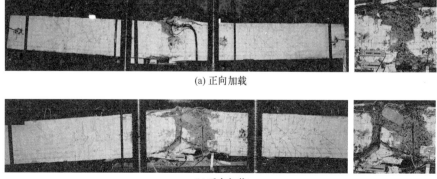

(a) 正向加载

(b) 反向加载

图 6.8　试件 SPC-2 的破坏形态

(a) 正向加载

(b) 反向加载

图 6.9　试件 SPC-3 的破坏形态

(a) 正向加载

(b) 反向加载

图 6.10　试件 SPC-4 的破坏形态

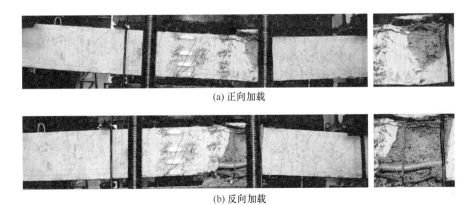

(a) 正向加载

(b) 反向加载

图 6.11　试件 SPC-5 的破坏形态

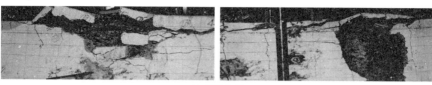

(a) 正向加载

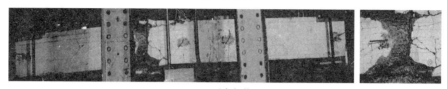

(b) 反向加载

图 6.12　试件 SPC-6 的破坏形态

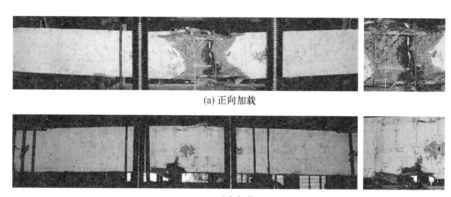

图 6.13　试件 SPC-7 的破坏形态

图 6.14　试件 SPC-8 的破坏形态

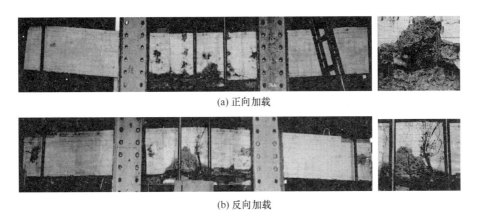

(a) 正向加载

(b) 反向加载

图 6.15　试件 SPC-9 的破坏形态

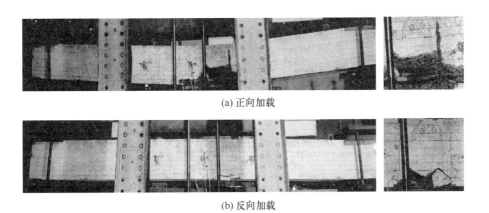

(a) 正向加载

(b) 反向加载

图 6.16　试件 SPC-10 的破坏形态

6.3　试验结果及分析

6.3.1　荷载-位移关系

1. 滞回曲线

各个试件的实测荷载-跨中挠度滞回曲线如图 6.17 所示。可以看出,普通混凝土梁的滞回曲线较为丰满,表现出良好的耗能性能,预应力混凝土梁的滞回曲线在正向卸载及反向加载初期表现出较明显的捏拢现象,但反向卸载及正向加载时,捏拢现象不明显。

以下分别从五个方面具体分析各个参数对预应力混凝土梁荷载-跨中挠度滞回曲线的影响。

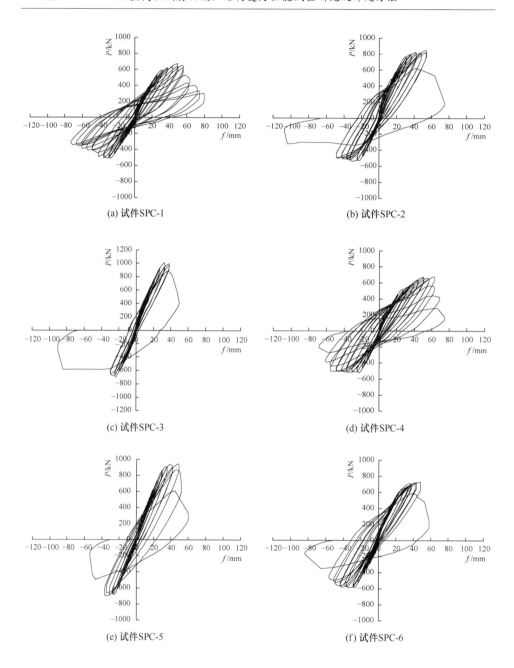

(a) 试件SPC-1

(b) 试件SPC-2

(c) 试件SPC-3

(d) 试件SPC-4

(e) 试件SPC-5

(f) 试件SPC-6

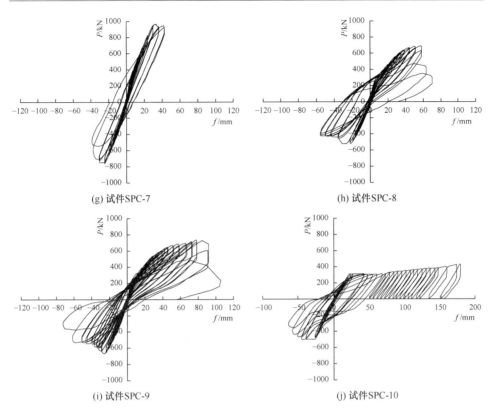

图 6.17　荷载-跨中挠度滞回曲线

P 为千斤顶荷载，f 为跨中挠度（已扣除了支座位移）

1）有效预应力 σ_{pe}

对比试件 SPC-1 和 SPC-4、SPC-3 和 SPC-5［如图 6.17（a）和图 6.17（d）、图 6.17（c）和图 6.17（e）所示；试件 SPC-1 和 SPC-3 的 σ_{pe} 较大，其他参数基本相同］可以发现，σ_{pe} 越小，滞回曲线越饱满，试件的耗能性能越好。

试件 SPC-1 和 SPC-4：加载初期，两者的荷载-跨中挠度滞回曲线基本呈直线，正反向残余变形都很小；进入弹塑性阶段后，试件 SPC-1 的正向滞回曲线呈"S"形（表现出较明显的捏缩现象），试件 SPC-4 的正向滞回曲线则呈"弓"形。由此表明，σ_{pe} 越大，试件的变形恢复性能越强。

试件 SPC-3 和 SPC-5：两者的换算配筋率均较高（$\rho \approx 3.9\%$），破坏过程都很突然。试件 SPC-3 在达到正向承载力以前基本处于弹性工作阶段；相比之下，试件 SPC-5 的 σ_{pe} 较小，其弹性阶段的范围有所减小。由此表明，预应力可以改善梁的抗裂性能。

2）预应力合力点至梁底边缘的距离 a_p

对比试件 SPC-2 和 SPC-6、SPC-3 和 SPC-7［如图 6.17（b）和图 6.17（f）、

图 6.17(c)和图 6.17(g)所示;试件 SPC-2 和 SPC-3 的 a_p 较小,其他参数基本相同]可以发现,a_p 越小,试件的捏缩现象越明显,正向残余变形越小,变形恢复性能越强。

3) 换算配筋率 ρ

对比试件 SPC-1~SPC-3[如图 6.17(a)~(c)所示;三个试件的换算配筋率 ρ 依次增大,其他参数基本相同]可以发现,ρ 越大,试件的正向承载力越大,变形性能越差(滞回曲线越窄瘦);当 ρ 较高时(如试件 SPC-3),试件在正向破坏之前基本处于弹性阶段,变形很小,破坏较突然,表现出较差的耗能性能。因此,在预应力混凝土梁的抗震设计中,有必要对换算配筋率加以限制。

4) 预应力强度比 λ

对比试件 SPC-1 和 SPC-8[如图 6.17(a)和图 6.17(h)所示;两者的换算配筋率 ρ 相当,但试件 SPC-8 的预应力强度比 λ 较高]可以看出,λ 的大幅提高并没有明显改善梁的正向滞回性能,两个试件在达到正向极限荷载 P_u 前残余变形都非常小,表明中等预应力强度比即可保证试件具有良好的变形恢复性能;在达到 P_u 后,两个试件的正向残余变形增长明显,耗能性能也有大幅提高。由此表明,当配筋设计合理时,高预应力强度比的预应力混凝土梁也可以表现出良好的耗能性能(但也应当注意到,当荷载达到 P_u 后,试件 SPC-8 的正向承载力下降速度明显快于试件 SPC-1,说明 λ 的提高会使试件以更突然的方式发生破坏)。

5) 受压钢筋面积 A_s'

试件 SPC-8 和 SPC-9 仅受压钢筋配置不同,对比两者的滞回曲线[如图 6.17(h)和图 6.17(i)所示]可以看出,提高受压钢筋含量会明显改善试件的变形性能及耗能性能,但对极限荷载之前试件的变形恢复性能影响不明显。

2. 骨架曲线

图 6.18 为试件的荷载-跨中挠度骨架曲线,是每级荷载下第一滞回曲线的外包络线。试验结果表明:

正向骨架曲线的上升段大致可分为三段,两个转折点分别对应于混凝土开裂和非预应力纵筋屈服的时刻(部分试件的第二个转折点不明显);预应力混凝土梁在非预应力纵筋屈服后其承载力仍有相当程度的增长,而普通混凝土梁在受拉纵筋屈服后,承载力增长幅度有限。

反向骨架曲线的上升段也可大致分为三段,两个转折点的含义同正向,但由于预应力的作用,反向开裂荷载较小,骨架曲线上第一个转折点不明显。除试件 SPC-4 和 SPC-10 外,所有试件的反向骨架曲线都没有明显的水平段,这与适筋梁在静载作用下的荷载-跨中挠度曲线不同,其原因主要有两点:①预应力可看作截面上的偏心压力,引起试件变形性能及延性的下降;②加载制度影响试件的受力性能,正向加载时出现的破坏对试件的反向变形性能产生影响。

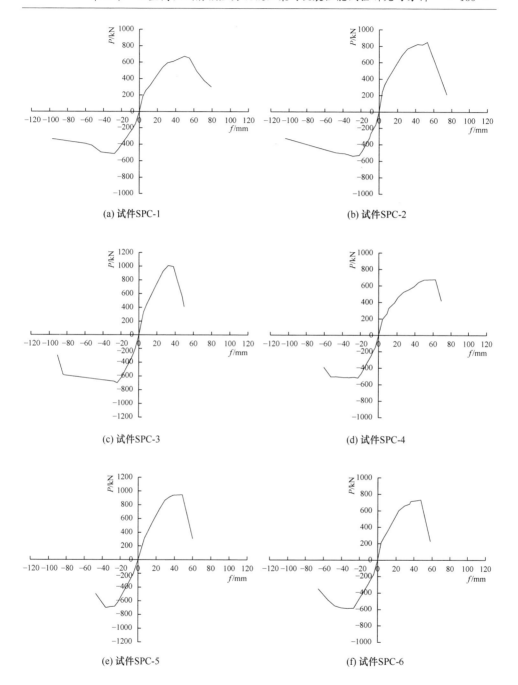

(a) 试件SPC-1

(b) 试件SPC-2

(c) 试件SPC-3

(d) 试件SPC-4

(e) 试件SPC-5

(f) 试件SPC-6

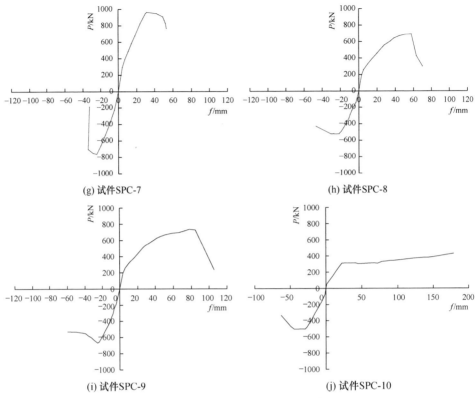

图 6.18　荷载-跨中挠度骨架曲线

各个参数对荷载-跨中挠度骨架曲线的影响分析如下。

1) 有效预应力 σ_{pe}

由图 6.19 可以看出,对于换算配筋率 ρ 较小的试件 SPC-1 和 SPC-4,σ_{pe} 对其正反向承载力、刚度及变形性能的影响均不明显;对于换算配筋率 ρ 较大的试件

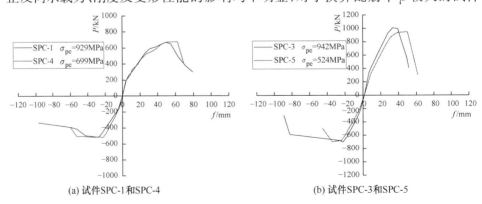

图 6.19　σ_{pe} 对荷载-跨中挠度骨架曲线的影响

SPC-3 和 SPC-5,增大 σ_{pe} 使得梁的正向承载力及刚度有所提高,同时增强试件的反向变形能力及刚度,但也会使梁的正向变形性能和延性降低(σ_{pe} 对反向承载力的影响不明显)。

2) 预应力合力点至梁底边缘的距离 a_p

由图 6.20 可以看出:减小 a_p 后可以提高梁的承载力及变形能力,尤其当换算配筋率较小时(见试件 SPC-2 和 SPC-6),这种提高作用更明显。

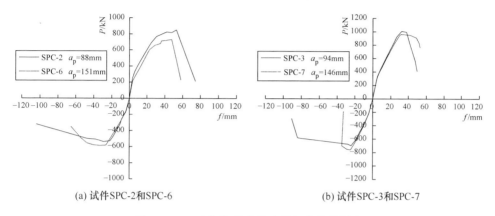

图 6.20　a_p 对荷载-跨中挠度骨架曲线的影响

3) 换算配筋率 ρ

图 6.21 反映了试件 SPC-1~SPC-3 的荷载-跨中挠度骨架曲线对比情况。随着换算配筋率 ρ 的提高,试件的正向承载力及开裂后的刚度大幅提高,但正向变形性能急剧下降,对于 ρ 较大的试件 SPC-3($\rho \approx 3.9\%$),其正向破坏时已表现出较明显的脆性破坏特征(承载力下降段很陡,变形能力较差)。因此,《混凝土结构设计规范》(GB 50010—2010)关于预应力混凝土结构抗震设计中,通过限制端部纵向钢筋配筋率 ρ 来保证梁的延性及变形性能是很有必要的。

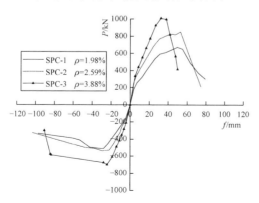

图 6.21　ρ 对荷载-跨中挠度骨架曲线的影响

4) 预应力强度比 λ 及受压钢筋面积 A_s'

图 6.22 反映了预应力强度比 λ 及受压钢筋对试件荷载-跨中挠度骨架曲线的影响。对比试件 SPC-8 和 SPC-1 表明, λ 的大幅提高对试件的正反向承载力影响不大,但达到极限荷载后, λ 越高,荷载-跨中挠度骨架曲线的下降段越陡,试件破坏越突然。对比试件 SPC-8 和 SPC-9 则表明,受压钢筋有助于显著改善试件的正向变形性能。

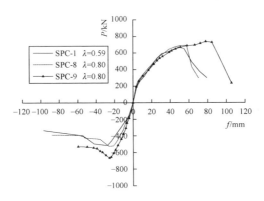

图 6.22　λ 及受压钢筋对荷载-跨中挠度骨架曲线的影响

6.3.2　跨中弯矩-曲率关系

1. 滞回曲线

试件的跨中平均曲率可根据式(6.6)计算得到

$$\phi = 8\left(f_4 - \frac{f_3 + f_5}{2}\right)/l^2 \tag{6.6}$$

式中, f_3、f_4 和 f_5 为跨中三个不同位置测点(图 6.6)的位移实测值; l 为测点 f_3 和 f_5 之间的距离。

部分试件的跨中弯矩-曲率滞回曲线如图 6.23 所示[试件 SPC-3～SPC-7 的破坏发生在加载点附近,不能利用式(6.6)计算跨中平均曲率]。可以看出:

(1) 对于预应力混凝土梁,其正向曲率延性比反向曲率延性差。

(2) 预应力混凝土梁的正向弯矩-曲率滞回曲线呈"弓"形,反映出较明显的捏拢现象,直至正向极限荷载之前,试件的残余曲率变形很小;当试件达到极限承载力以后,残余曲率变形增长迅速;反向弯矩-曲率滞回曲线的特征类似于普通钢筋混凝土梁,无明显的捏缩现象。

(3) 普通钢筋混凝土梁的弯矩-曲率滞回曲线十分饱满,呈梭形,表明其良好的变形及耗能性能(但变形恢复性能较弱)。

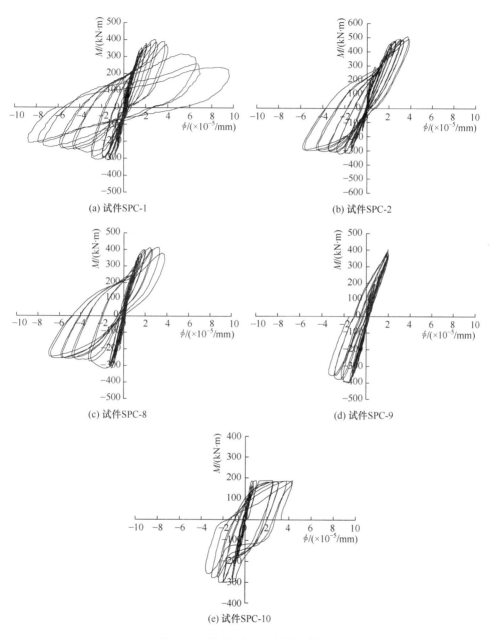

图 6.23　跨中弯矩-曲率滞回曲线

2. 骨架曲线

图 6.24 为试件的跨中弯矩-曲率骨架曲线。可以看出：

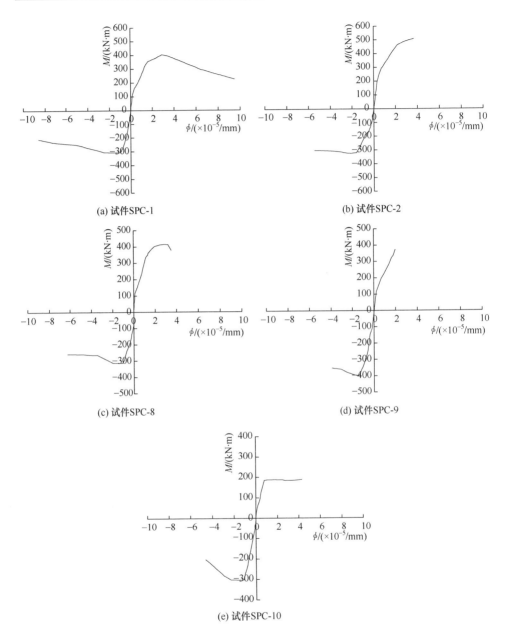

(a) 试件SPC-1　　　　　　　　　　　　(b) 试件SPC-2

(c) 试件SPC-8　　　　　　　　　　　　(d) 试件SPC-9

(e) 试件SPC-10

图 6.24　跨中弯矩-曲率骨架曲线

（1）除试件 SPC-9,其余试件的正、反向跨中弯矩-曲率曲线的上升段都呈三折线形状。

（2）预应力混凝土梁的反向曲率延性好于正向,但由于预应力及反复加载的影响,其反向弯矩-曲率骨架曲线无明显的平直段。

（3）在正向荷载作用下，普通混凝土梁的截面延性明显好于预应力混凝土梁，弯矩-曲率曲线有明显的平直段。

6.3.3　钢筋应变

图 6.25 为各个试件的荷载-纵筋应变曲线；由于加载后期钢筋应变片损坏严重，图中应变值未取至加载终点。

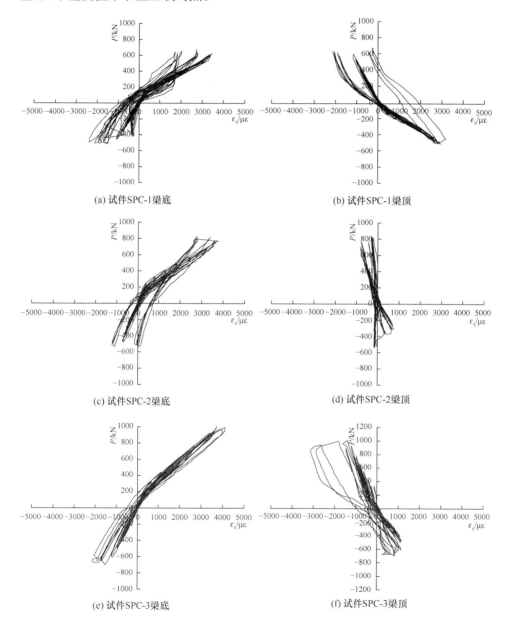

(a) 试件SPC-1梁底

(b) 试件SPC-1梁顶

(c) 试件SPC-2梁底

(d) 试件SPC-2梁顶

(e) 试件SPC-3梁底

(f) 试件SPC-3梁顶

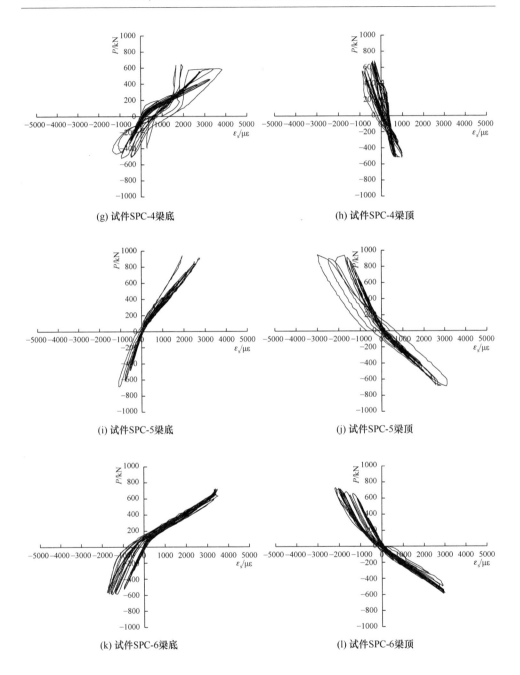

(g) 试件SPC-4梁底

(h) 试件SPC-4梁顶

(i) 试件SPC-5梁底

(j) 试件SPC-5梁顶

(k) 试件SPC-6梁底

(l) 试件SPC-6梁顶

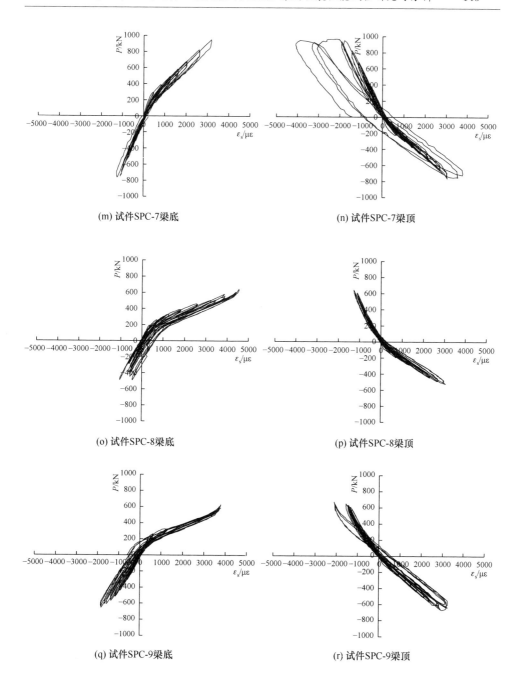

(m) 试件SPC-7梁底

(n) 试件SPC-7梁顶

(o) 试件SPC-8梁底

(p) 试件SPC-8梁顶

(q) 试件SPC-9梁底

(r) 试件SPC-9梁顶

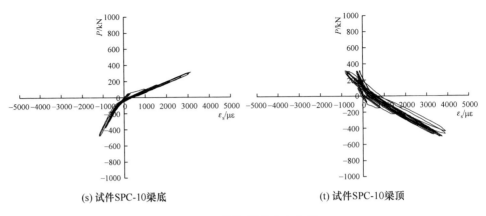

(s) 试件SPC-10梁底　　　　　　　　(t) 试件SPC-10梁顶

图 6.25　荷载-纵筋应变曲线

在正反向受弯承载力极限状态下,除试件 SPC-2～SPC-4 的梁顶纵筋以外,其余试件的受拉纵筋最终都达到了屈服应变,由此表明,在预应力混凝土梁中配置 500MPa 级钢筋,其强度是可以充分发挥的。

6.3.4　极限承载能力

采用条带法计算试件的极限承载力,基本假定如下:

(1) 平截面假定,即截面上各点应变沿截面高度呈线性分布,不考虑钢筋同混凝土、钢绞线同水泥浆之间的滑移。

(2) 将水泥浆看作混凝土,不考虑波纹管的影响。

(3) 混凝土受压本构。

采用《混凝土结构设计规范》(GB 50010—2010)[1]附录 C 中的混凝土单轴受压应力-应变关系

$$\sigma = (1-d_c)E_c\varepsilon$$

$$d_c = \begin{cases} 1 - \dfrac{\rho_c n}{n-1+x^n}, & x \leqslant 1 \\[3mm] 1 - \dfrac{\rho_c}{\alpha_c (x-1)^2 + x}, & x > 1 \end{cases} \tag{6.7}$$

$$\rho_c = \frac{f_{c,r}}{E_c\varepsilon_{c,r}}, \quad n = \frac{E_c\varepsilon_{c,r}}{E_c\varepsilon_{c,r}-f_{c,r}}, \quad x = \frac{\varepsilon}{\varepsilon_{c,r}}$$

(4) 混凝土受拉本构。

$$\sigma_t = \begin{cases} \dfrac{2f_t\varepsilon_t}{\varepsilon_t + 1\times10^{-4}}, & 0 \leqslant \varepsilon_t \leqslant 1\times10^{-4} \\[3mm] f_t, & 1\times10^{-4} < \varepsilon_t \leqslant 1.5\times10^{-4} \\[3mm] 0, & \varepsilon_t > 1.5\times10^{-4} \end{cases} \tag{6.8}$$

（5）非预应力纵筋。

采用理想弹塑性本构模型，并假定拉压同性

$$\sigma = \begin{cases} -f_y, & \varepsilon < -\varepsilon_y \\ E_s\varepsilon, & -\varepsilon_y \leqslant \varepsilon \leqslant \varepsilon_y \\ f_y, & \varepsilon > \varepsilon_y \end{cases} \qquad (6.9)$$

（6）预应力筋。

预应力筋没有明显的屈服平台，计算时对其采用三折线本构模型

$$\sigma_p = \begin{cases} E_p\varepsilon_p, & 0 \leqslant \varepsilon_p \leqslant \varepsilon_{pe} \\ f_{pe} + E_p'(\varepsilon_p - \varepsilon_{pe}), & \varepsilon_{pe} < \varepsilon_p \leqslant \varepsilon_{py} \\ f_{pyk} + E_p''(\varepsilon_p - \varepsilon_{py}), & \varepsilon_{py} < \varepsilon_p \leqslant \varepsilon_{pu} \end{cases} \qquad (6.10)$$

式中，E_p 为预应力钢绞线初始弹性模量，取 $1.95 \times 10^5 \, \text{N/mm}^2$；$f_{pe}$ 和 ε_{pe} 分别为预应力钢绞线应力、应变的弹性极限值，取 $f_{pe} = 0.65 f_{pyk} = 1209 \text{MPa}$，$\varepsilon_{pe} = f_{pe}/E_p = 0.0062$；$f_{pyk}$ 和 ε_{py} 分别为预应力钢绞线达到条件屈服（残余应变达到 0.2%）时的应力和应变，取 $f_{pyk} = 1670 \text{MPa}$，$\varepsilon_{py} = 0.002 + f_{pyk}/E_p = 0.0106$；$\varepsilon_{pu}$ 为预应力钢绞线的极限应变（此时的极限应力 f_{ptk} 为 1860MPa），取为 0.035；E_p' 和 E_p'' 分别为预应力筋应力-应变曲线上第二、三段的弹性模量，分别取 $E_p' = 1.06 \times 10^5 \, \text{N/mm}^2$，$E_p'' = 7.62 \times 10^5 \, \text{N/mm}^2$。

破坏判定准则：

① 混凝土受压应变 ε_c 达到极限压应变 ε_{cu}。

② 非预应力筋受拉应变 ε_s 达到 0.01。

③ 预应力筋受拉应变 ε_p 达到 0.035。

计算步骤为：在平截面假定的基础上，求得非预应力纵筋及预应力筋的应力，得到截面受压区高度，进而求出极限弯矩。

各个试件的极限承载力实测值与计算值对比见表 6.6。$+P_u^c/+P_u^t$ 和 $-P_u^c/-P_u^t$ 的均值分别为 0.97 和 0.98，变异系数分别为 0.10 和 0.04，承载力实测值同计算值吻合良好，试件表现为适筋梁受弯破坏特征。

表 6.6　极限承载力对比

试件编号	正向				反向			
	$+P_u^t$ /kN	$+P_u^c$ /kN	$+P_u^c/+P_u^t$	$\Delta\sigma_{pu}^c$ /MPa	$-P_u^t$ /kN	$-P_u^c$ /kN	$-P_u^c/-P_u^t$	$\Delta\sigma_{pu}^c$ /MPa
SPC-1	671.0	636.7	0.95	774.7	513.1	523.6	1.02	−187.5
SPC-2	849.5	820.4	0.97	705.9	539.1	527.2	0.98	−210.7
SPC-3	1008.4	1161.0	1.15	622.6	700.5	699.4	1.00	−265.9
SPC-4	677.4	642.9	0.95	1090.3	518.8	525.2	1.01	−149.1
SPC-5	947.8	1062.0	1.12	761.6	698.7	686.1	0.98	−201.6
SPC-6	731.2	705.9	0.97	623.1	588.4	585.3	0.99	−22.9

试件编号	正向				反向			
	$+P_u^t$ /kN	$+P_u^c$ /kN	$+P_u^c/+P_u^t$	$\Delta\sigma_{pu}^c$ /MPa	$-P_u^t$ /kN	$-P_u^c$ /kN	$-P_u^c/-P_u^t$	$\Delta\sigma_{pu}^c$ /MPa
SPC-7	967.5	980.9	1.01	480.4	761.2	755.6	0.99	−92.1
SPC-8	692.4	641.9	0.93	738.9	523.0	506.4	0.97	−293.7
SPC-9	736.7	647.6	0.88	714.6	667.1	634.7	0.95	−358.4
SPC-10	429.1	352.0	0.82	—	503.6	448.5	0.89	—

注:$\pm P_u^t$和$\pm P_u^c$分别表示正、反向极限承载力的实测值和计算值;$\Delta\sigma_{pu}^c$为预应力筋应力增量计算值。

表 6.7~表 6.11 及图 6.26 分别从有效预应力 σ_{pe}、预应力合力点至梁底的距离 a_p、梁底换算配筋率 ρ、预应力强度比 λ、受压钢筋面积 A_s' 和综合配筋指标 ξ_p 六个方面对试件的极限承载力的影响进行了对比,可以看出:

① 有效预应力 σ_{pe} 对试件的正反向极限承载力影响并不明显(表 6.7)。

② a_p 的增大会降低试件的正向极限承载力(对于换算配筋率较小的梁,这种降低作用更明显),提高反向极限承载力(表 6.8)。

③ 换算配筋率 ρ 的增长使得试件的受弯承载力明显提高(表 6.9)。

④ 预应力强度比 λ 对试件的承载力影响不明显(表 6.10)。

⑤ 受压钢筋有助于提高试件的承载力(表 6.11)。

⑥ 试件的正向承载力随 ξ_p 的增大而提高(图 6.26)。

表 6.7　有效预应力 σ_{pe} 对极限承载力的影响

参数	第一组		第二组	
	SPC-1	SPC-4	SPC-3	SPC-5
有效预应力 σ_{pe}/MPa	928	639	942(893)	525(573)
正向极限承载力 $+P_u^t$/kN	671.0	677.4	1008.4	947.8
反向极限承载力 $-P_u^t$/kN	513.1	518.8	700.5	698.7

表 6.8　预应力合力点距梁底的距离 a_p 对极限承载力的影响

参数	第一组		第二组	
	SPC-2	SPC-6	SPC-3	SPC-7
梁底换算配筋率 ρ/%	2.59	2.59	3.88	3.87
预应力合力点至梁底的距离 a_p/mm	88	151	92	146
正向极限承载力 $+P_u^t$/kN	849.5	731.2	1008.4	967.5
反向极限承载力 $-P_u^t$/kN	539.1	588.4	700.5	761.2

表 6.9　梁底换算配筋率 ρ 对极限承载力的影响

参数	SPC-1	SPC-2	SPC-3
梁底换算配筋率 ρ/%	1.98	2.59	3.88
正向极限承载力 $+P_u^t$/kN	671.0	849.5	1008.4

表 6.10　预应力强度比 λ 对极限承载力的影响

参数	SPC-1	SPC-8
梁底换算配筋率 ρ/%	1.98	2.03
预应力强度比 λ	0.59	0.80
正向极限承载力 $+P_u^t$/kN	671.0	629.4
反向极限承载力 $-P_u^t$/kN	513.1	523.0

表 6.11　受压钢筋面积对极限承载力的影响

参数	SPC-8	SPC-9
受压钢筋面积 A_s'	3 Φ^F 25	4 Φ^F 25
正向极限承载力 $+P_u^t$/kN	692.4	736.7

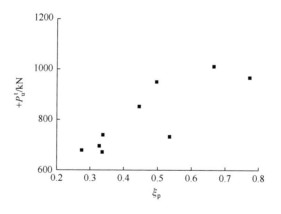

图 6.26　ξ_p 对正向承载力的影响

6.3.5　刚度退化

按《钢筋混凝土装配整体式框架节点与连接设计规程》(CECS 43:92)[6]，平均刚度 K_m 定义为

$$K_m = \frac{\sum_{i=1}^{n} F_{j,i}}{n u_j} \tag{6.11}$$

式中，$F_{j,i}$ 为位移达到第 i 循环峰值点的荷载实测值；u_j 为第 j 级加载等级的控制

位移值;n 为同一位移值下的循环次数。

根据式(6.11),得到试件 SPC-1~SPC-10 在各荷载等级下的平均刚度,如图 6.27 所示。结果表明:

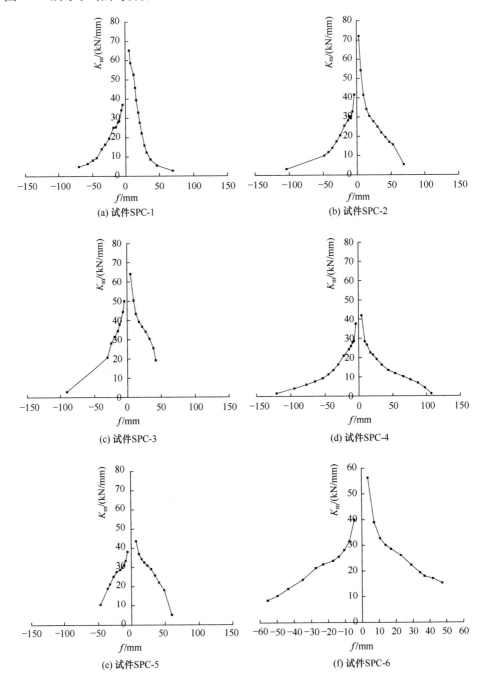

(a) 试件SPC-1

(b) 试件SPC-2

(c) 试件SPC-3

(d) 试件SPC-4

(e) 试件SPC-5

(f) 试件SPC-6

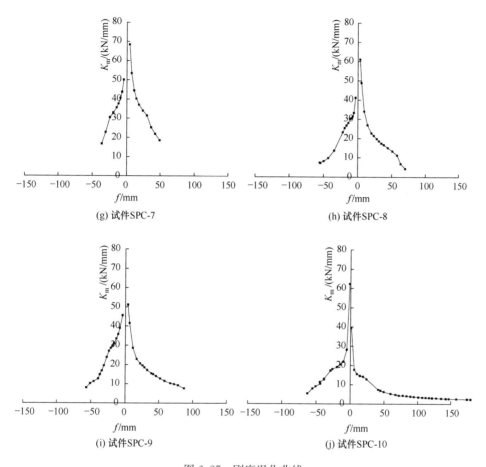

图 6.27　刚度退化曲线

（1）普通混凝土梁的刚度退化主要发生在试件开裂至纵向受拉钢筋屈服这一阶段，随着挠度的增长，刚度退化速度减慢，纵筋屈服后，刚度退化不明显；对于预应力混凝土梁，非预应力纵筋屈服后，刚度退化仍很明显。

（2）对于预应力混凝土梁，加载中前期正向刚度大于反向刚度，但混凝土开裂后，试件的正向刚度退化速度明显快于反向，加载后期正反向刚度差别不大。

（3）普通钢筋混凝土梁的正反向刚度小于预应力混凝土梁。

各个参数对试件刚度退化的影响分析如下：

1）有效预应力 σ_{pe}

由图 6.28 可知：①加载前期，σ_{pe} 越大，试件的正反向刚度越大；②随着挠度的增长，正向刚度出现退化，且 σ_{pe} 越大，退化速度越快；③加载后期，σ_{pe} 对试件的反向刚度影响不明显。

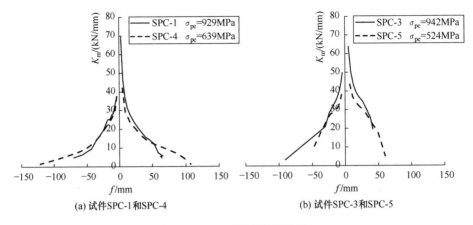

(a) 试件SPC-1和SPC-4　　　　　　　(b) 试件SPC-3和SPC-5

图 6.28　σ_{pe} 对刚度退化的影响

2) 预应力合力点至梁底的距离 a_p

由图 6.29 可以看出：①对于换算配筋率 ρ 较小的试件 SPC-2 和 SPC-6，加载前期，a_p 越大，正向刚度越小且退化越慢；加载后期，a_p 对正向刚度的影响不大；②对于换算配筋率 ρ 较大的试件 SPC-3 和 SPC-7，a_p 对于正向刚度的影响不明显；③反向加载时，a_p 对于刚度的影响均不明显。

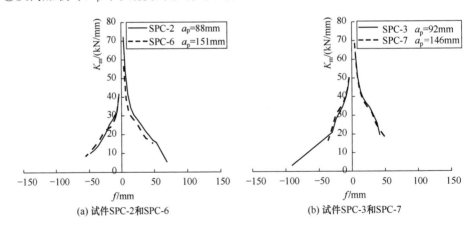

(a) 试件SPC-2和SPC-6　　　　　　　(b) 试件SPC-3和SPC-7

图 6.29　a_p 对刚度退化的影响

3) 换算配筋率 ρ

由图 6.30 可以看出：①加载初期，换算配筋率 ρ 对于试件刚度的影响很小，但随着挠度的增长，ρ 越小，刚度退化越快；②试件 SPC-1～SPC-3 的顶部分别配置 3ΦF25、3ΦF25 和 4ΦF25 的非预应力纵筋，其反向刚度对比结果表明，受拉钢筋越多，梁的刚度越大且退化越慢。

4) 预应力强度比 λ 及受压钢筋面积 A'_s

由图 6.31 可知：①预应力强度比 λ 对于正向刚度的影响不大；②受压钢筋的配置有助于减缓试件正向刚度的衰退程度，使得试件在临近破坏时仍保持一定的刚度；③试件 SPC-9 的反向刚度比 SPC-8 和 SPC-1 偏大，说明受拉钢筋配筋率的增长可以提高试件的刚度。

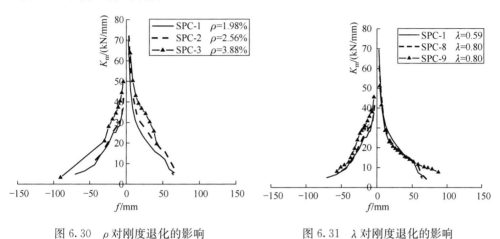

图 6.30　ρ 对刚度退化的影响　　　　　图 6.31　λ 对刚度退化的影响

6.3.6　位移延性

以位移延性系数 μ_Δ 为量化指标，研究试件的延性性能。μ_Δ 定义为 Δ_u/Δ_y，如图 6.32 所示，极限位移 Δ_u 取承载力下降为 85% 峰值承载力时的位移；屈服位移 Δ_y 按《钢筋混凝土装配整体式框架节点与连接设计规程》(CECS 43:92)[6] 相关规定确定，计算结果见表 6.12。

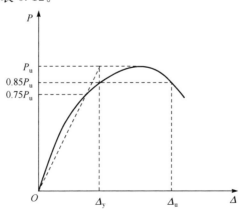

图 6.32　位移特征点的确定

表 6.12 位移延性系数试验结果

试件编号	正向			反向		
	Δ_u^+ /mm	Δ_y^+ /mm	μ_Δ^+	Δ_u^- /mm	Δ_y^- /mm	μ_Δ^-
SPC-1	59.02	31.52	1.87	−49.93	−24.98	2.00
SPC-2	57.16	29.25	1.95	−60.84	−19.71	3.09
SPC-3	40.87	27.04	1.51	−77.67	−20.68	3.76
SPC-4	64.96	33.96	1.91	−56.96	−20.28	2.81
SPC-5	51.13	30.10	1.70	−41.73	−24.53	1.70
SPC-6	49.85	26.96	1.85	−53.32	−24.69	2.16
SPC-7	53.21	26.60	1.96	−34.26	−21.96	1.56
SPC-8	59.80	33.15	1.80	−35.85	−18.56	1.93
SPC-9	88.92	41.97	2.12	−37.83	−21.10	1.79
SPC-10	179.15	22.63	7.92	−53.43	−26.04	2.05

注:试件 SPC-10 没有得到正向承载力下降段,正向极限位移取其试验最大正向位移。

表 6.13~表 6.15 与图 6.33 分别从有效预应力 σ_{pe}、预应力合力点至梁底的距离 a_p、受压钢筋面积 A'_s、换算配筋率 ρ、预应力强度比 λ 和综合配筋指标 ξ_p 六个方面反映了试件的位移延性所受到的影响。

（1）随着 σ_{pe} 的增大,正向位移延性系数 μ_Δ^+ 略有增长但不明显（表 6.13）。

（2）提高 a_p 对于正向位移延性系数 μ_Δ^+ 无明显影响,但对于反向位移延性系数 μ_Δ^- 影响较大。预应力筋越靠近截面中心, μ_Δ^- 越小（表 6.14）。

（3）提高受压钢筋含量 A'_s,可明显改善试件的正向位移延性（表 6.15）。

（4）从平均意义上,正向位移延性系数 μ_Δ^+ 随换算配筋率 ρ 的增大而减小 [图 6.33(a);ρ 同截面相对受压区高度 x 有直接关系,ρ 越大,x 越大,进而导致截面及试件的位移延性降低]。对于试件 SPC-1~SPC-9,$\rho=1.98\%~3.89\%$, $\mu_\Delta^+=$ 1.51~2.12,表明对于以 500MPa 级高强钢筋作为非预应力纵筋的后张有粘结预应力混凝土梁,当 ρ 大于 2% 时,不能满足试件达到延性破坏的一般要求（$\mu_\Delta=3~$ 4）,因此有必要对换算配筋率加以限制。

（5）提高预应力强度比 λ,对正向位移延性的影响不明显 [图 6.33(b)]。

（6）试件的正向位移延性随 ξ_p 的增大而明显减小 [图 6.33(c)],因此通过限制 ξ_p 来保证预应力混凝土梁的位移延性是很有必要的。

表 6.13 σ_{pe} 对正向位移延性系数的影响

参数	第一组		第二组	
	SPC-1	SPC-4	SPC-3	SPC-5
有效预应力 σ_{pe} /MPa	928	639	942(893)	525(573)
正向位移延性系数 μ_Δ^+	1.87	1.91	1.51	1.70

表 6.14 a_p 对位移延性系数的影响

参数	第一组		第二组	
	SPC-2	SPC-6	SPC-3	SPC-7
预应力合力点至梁底的距离 a_p/mm	88	151	92	146
正向位移延性系数 μ_Δ^+	1.95	1.85	1.51	1.96
反向位移延性系数 μ_Δ^-	3.09	2.16	3.76	1.56

表 6.15 受压钢筋面积对正向延性系数的影响

参数	SPC-8	SPC-9
受压钢筋面积	3Φ^F25	4Φ^F25
正向位移延性系数 μ_Δ^+	1.80	2.12

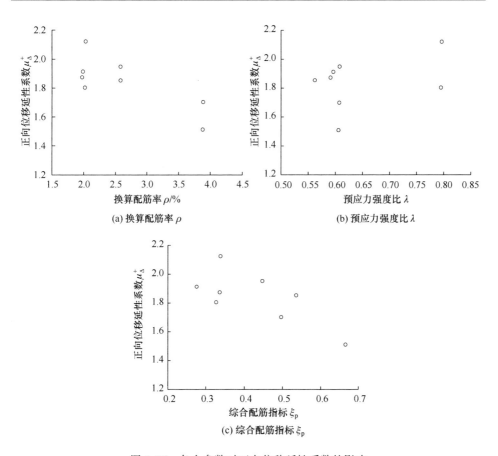

(a) 换算配筋率 ρ

(b) 预应力强度比 λ

(c) 综合配筋指标 ξ_p

图 6.33 各个参数对正向位移延性系数的影响

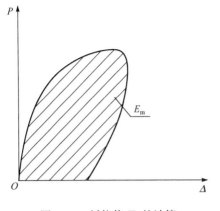

图 6.34　耗能值 E_m 的计算

6.3.7　耗能

耗能值 E_m 定义为荷载-位移滞回曲线包围的面积,如图 6.34 所示。图 6.35 为各个试件的耗能随跨中挠度的变化曲线,可以看出,随着跨中挠度的增大,试件的耗能性能不断提高:试件在未开裂前以弹性变形为主,耗能增长缓慢,混凝土开裂后,耗能增长明显加快;加载后期,试件进入弹塑性阶段,荷载增长缓慢甚至有所降低,但试件的耗能能力仍有显著的增长。

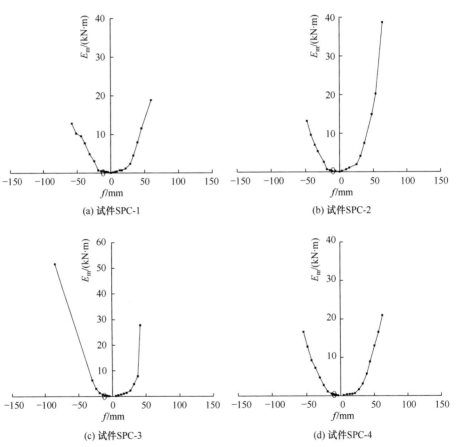

(a) 试件SPC-1

(b) 试件SPC-2

(c) 试件SPC-3

(d) 试件SPC-4

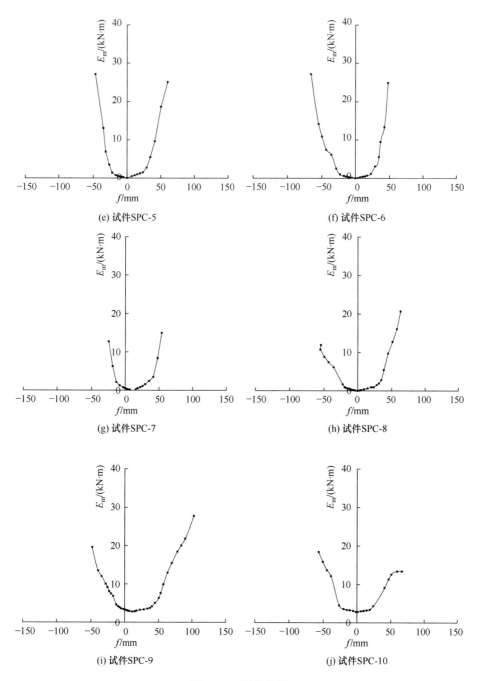

图 6.35　耗能曲线

1. 有效预应力 σ_{pe}

图 6.36 对比了四个不同试件的耗能值 E_m 与有效预应力 σ_{pe} 的关系,可以看出:

(1) 对于换算配筋率 ρ 较小的试件 SPC-1 和 SPC-4:加载前期,σ_{pe} 对耗能性能的影响不大,加载中后期,相同挠度下,σ_{pe} 越大,试件的正向耗能性能越好,反向耗能性能越差。

(2) 对于换算配筋率 ρ 较大的试件 SPC-3 和 SPC-5:加载中前期,σ_{pe} 对正反向耗能性能的影响不大;但在加载后期,相同变形情况下,σ_{pe} 越大,试件的正反向耗能能力越强。

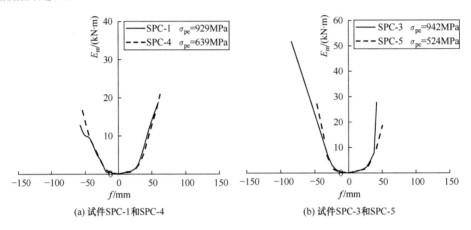

(a) 试件SPC-1和SPC-4　　　　　　　　(b) 试件SPC-3和SPC-5

图 6.36　σ_{pe} 对耗能性能的影响

2. 预应力合力点至梁底边缘的距离 a_p

图 6.37 反映了 E_m 随预应力合力点至梁底边缘的距离 a_p 的变化关系。

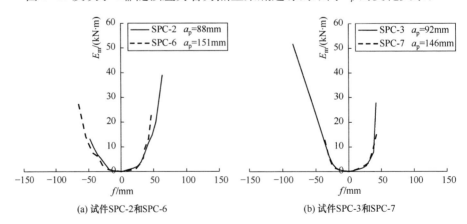

(a) 试件SPC-2和SPC-6　　　　　　　　(b) 试件SPC-3和SPC-7

图 6.37　a_p 对耗能性能的影响

（1）换算配筋率 ρ 较小的试件 SPC-2 和 SPC-6：加载前期，增大 a_p 会略微降低试件的正向耗能性能；但在加载后期，a_p 越大，正向耗能越大，反向耗能越小。

（2）对于换算配筋率 ρ 较大的试件 SPC-3 和 SPC-7：加载前期，a_p 的增大会略微改善试件的正向耗能性能，降低反向耗能性能；加载后期，a_p 越小，试件的正反向耗能性能越强。

3. 换算配筋率 ρ

由图 6.38 可以看出：

（1）加载中前期，换算配筋率 ρ 的提高对试件耗能性能的影响不大。

（2）加载后期，换算配筋率 ρ 偏大或偏小都将导致试件的耗能能力下降。

试件 SPC-2 的换算配筋率 ρ 高于试件 SPC-1，其正向刚度有所增长，因此其正向耗能能力优于 SPC-1；另一方面，当换算配筋率 ρ 过高时（如试件 SPC-3），试件的变形能力大幅下降，破坏前基本处于弹性工作状态，耗能性能很差（反向加载时，试件 SPC-3 的反向耗能增长明显，但由于破坏突然，在设计中应不予考虑）。因此，对于预应力混凝土梁，为了保证其良好的耗能性能，有必要对换算配筋率进行限制。

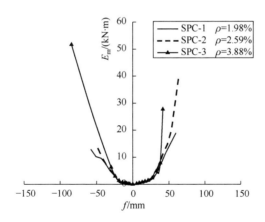

图 6.38　ρ 对耗能性能的影响

4. 预应力强度比 λ 及受压钢筋面积 A_s'

图 6.39 为三个试件的耗能值随挠度的变化曲线，分析可知：

（1）在变形相同的情况下，提高 λ 会略微降低试件的正反向耗能（对比试件 SPC-8 和 SPC-1）。

（2）受压钢筋有助于提高预应力混凝土梁的耗能性能，即使在高预应力强度比条件下，只要合理配置受压钢筋，仍能保证试件具有良好的耗能性能（对比试件

SPC-9 和 SPC-1,前者为高预应力强度比且受压钢筋配置较多,后者为中等预应力强度比且受压钢筋较少)。

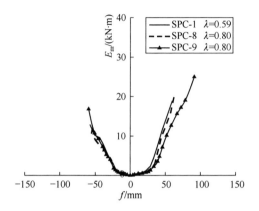

图 6.39　λ 及受压钢筋含量对耗能性能的影响

6.4　结　　论

本章通过对配置 500MPa 级钢筋的 9 根后张有粘结预应力混凝土梁和 1 根普通混凝土梁进行低周反复加载试验,得到以下成果。

(1) 破坏形态。

大部分试件在破坏时,加载点处及跨中混凝土出现局部压碎和剥落现象,梁顶纵向受压钢筋屈曲外鼓,引起水平裂缝,进而加剧了受压区混凝土破坏的程度。

(2) 极限承载力。

试件的极限承载力实测值同计算值吻合得很好,且分析表明,提高有效预应力 σ_{pe} 和换算配筋率 ρ,减小预应力合力点至梁底的距离 a_p 及配置受压钢筋都会使试件的抗弯承载力得以提高(预应力强度比 λ 的影响不明显)。

(3) 滞回曲线。

普通混凝土梁的滞回曲线较丰满,预应力混凝土梁的滞回曲线在正向卸载及反向加载初期表现出较明显的捏拢效应,且有效预应力 σ_{pe} 和换算配筋率 ρ 越大,预应力合力点至梁底边缘的距离 a_p 越小,正向滞回曲线越窄瘦。另外,预应力强度比 λ 越大,正向承载力下降段越陡。

(4) 骨架曲线。

试件的正反向骨架曲线上升段可分为三段,两个转折点分别对应于混凝土开裂及非预应力纵筋屈服的时刻。

(5) 位移延性。

普通混凝土梁的正向位移延性系数达 7.92,预应力混凝土梁的正向位移延性

系数为 $1.51 \sim 2.12$。对预应力混凝土梁的延性性能影响最显著的是换算配筋率 ρ，试件的正向位移延性系数 μ_Δ^+ 随 ρ 的增大而减小，且 μ_Δ^+ 均小于 3，因此《混凝土结构设计规范》(GB 50010—2010)通过限制换算配筋率来保证预应力混凝土构件的延性性能的规定是合理的。另一方面，综合配筋指标 ξ_p 的提高对于试件的位移延性不利，同样有必要加以限制。

（6）刚度退化。

试件的刚度退化主要发生在混凝土开裂至非预应力纵筋屈服这一阶段；钢筋屈服后，普通混凝土梁的刚度退化不明显，而预应力混凝土梁的刚度退化仍很显著。参数分析表明，有效预应力 σ_{pe} 越大，试件的前期正向刚度越大，退化越快；换算配筋率 ρ 越大，试件的正向刚度越大（但加载后期除外）；预应力强度比 λ 对于正向刚度的影响不明显，受压钢筋的配置则有助于试件保持一定的后期刚度。

（7）耗能。

试件耗能主要发生在混凝土开裂后，即使加载后期，在荷载增长缓慢甚至出现下降的情况下，试件的耗能能力仍有显著增长。当换算配筋率 ρ 较小时，有效预应力 σ_{pe} 对试件的耗能性能影响不大，且预应力合力点至梁底边缘的距离 a_p 越大，正向耗能越大，反向耗能越小；当换算配筋率 ρ 较大时，增大 σ_{pe} 及 a_p 都可改善试件的前期耗能性能。为了保证试件的后期耗能性能，有必要对换算配筋率 ρ 与预应力强度比 λ 加以限制，并辅以配置适当的受压钢筋。

参 考 文 献

[1] 中华人民共和国住房和城乡建设部. GB 50010—2010 混凝土结构设计规范[S]. 北京：中国建筑工业出版社，2011.

[2] 中华人民共和国建设部. GB 50152—92 混凝土结构试验方法标准[S]. 北京：中国建筑工业出版社，2008.

[3] 中华人民共和国建设部. JGJ 101—1996 建筑抗震试验方法规程[S]. 北京：中国建筑工业出版社，1997.

[4] 中华人民共和国建设部. GB/T 50081—2002 普通混凝土力学性能试验方法标准[S]. 北京：中国建筑工业出版社，2003.

[5] 中华人民共和国国家质量监督检验检疫总局. GB/T 228—2002 金属材料 室温拉伸试验方法[S]. 北京：中国标准出版社，2002.

[6] 中国工程建设标准化协会. CECS 43:92 钢筋混凝土装配整体式框架节点与连接设计规程[S]. 北京：中国建筑工业出版社，1994.

第7章 配置高强钢筋混凝土剪力墙的
受力性能试验研究和分析

2010年,《混凝土结构设计规范》(GB 50010—2010)[1]正式将HRB500级钢筋纳入主力钢筋并用于混凝土梁、柱和剪力墙的设计。目前,HRB500级钢筋用于剪力墙的试验研究十分匮乏,而工程应用已经推广多年,有两个问题是显而易见的。一方面,我国《混凝土结构设计规范》早期在制定剪力墙抗剪承载力计算公式时,样本数据非常有限,公式的可靠性有待进一步试验验证;另一方面,工程设计中对钢筋混凝土结构进行内力分析时一般取用构件的初始弹性抗弯刚度,没有考虑由于材料非线弹性特征引起的刚度折减,再加上正常使用阶段高层建筑底层剪力墙往往处于带裂缝的工作状态,抗侧刚度的取值仍是不明确的,容易导致层间位移角验算与实际情况之间出现较大偏差[2]。抗剪承载力和刚度的验算,均属于工程设计的重要内容,是保证结构延性的重要条件,有待深入研究。

针对以上问题,同济大学于2012年7月完成了8片配置高强钢筋的C50混凝土剪力墙试验,分析了两种不同高宽比的剪力墙在单调加载下的变形和破坏机制、荷载-位移曲线及低周反复荷载下的滞回曲线和位移延性,并对试件的抗剪承载力、刚度退化规律及峰值荷载下的塑性铰长度和位移进行了重点研究。

7.1 方案介绍

7.1.1 试件设计

本次试验共设计8片试件,拟定6片为单调加载,2片为低周反复加载,主要研究参数为:高宽比、轴压比、边缘暗柱纵筋配筋率及水平分布筋配筋率等;各个试件的主要参数取值见表7.1,试件的尺寸与配筋如图7.1～图7.3所示。

表7.1 试件参数

试件编号	$b \times h \times L$ /(mm×mm×mm)	混凝土强度等级	暗柱纵筋	墙体分布筋		暗柱箍筋	轴压比 n_t
				竖向	水平向		
LSW-1			8Φ12	Φ8@150	Φ8@150		0.2
LSW-2	150×900×700	C50	8Φ12	Φ8@150	Φ8@200	Φ8@100	0.2
LSW-3			8Φ12	Φ8@120	Φ8@150		0.3

续表

试件编号	$b \times h \times L$ /(mm×mm×mm)	混凝土强度等级	暗柱纵筋	墙体分布筋		暗柱箍筋	轴压比 n_t
				竖向	水平向		
HSW-1			8Φ12	Φ8@150	Φ8@150		0.2
HSW-2	150×750×1300	C50	4Φ12+4Φ8	Φ8@150	Φ8@150	Φ8@100	0.2
HSW-3			8Φ12	Φ8@150	Φ8@150		0.3
LSWD-1	同 LSW-3						
HSWD-1	同 HSW-3						

注:b,h 与 L 分别表示墙板的截面宽度、截面高度和纵向长度(不含加载梁);暗柱沿墙肢长度(l_c):除 LSW-3 与 LSWD-1 取 $l_c=200$mm,其余均为 $l_c=150$mm。

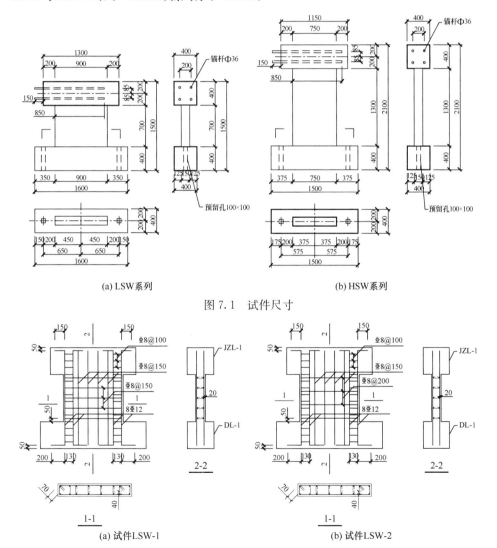

(a) LSW系列　　　　　(b) HSW系列

图 7.1　试件尺寸

(a) 试件LSW-1　　　　　(b) 试件LSW-2

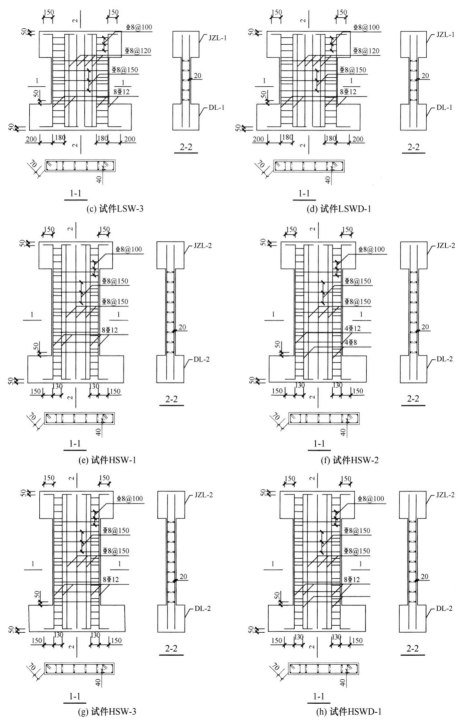

图 7.2　墙体配筋

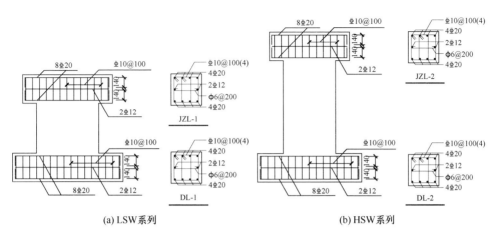

图 7.3　加载梁(JZL)与地梁(DL)配筋

7.1.2　加载方式和加载制度

加载装置与加载制度依据《混凝土结构试验方法标准》(GB 50152—92)[3]和《建筑抗震试验方法规程》(JGJ 101—1996)[4]确定。

1. 加载装置

加载装置如图 7.4 所示。其中,竖向加载采用门式框架结构;竖向千斤顶通过钢梁将竖向荷载分配到试件加载梁上,两根钢梁之间通过 6 根滚轴实现推力方向

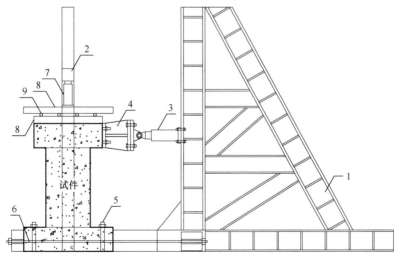

图 7.4　加载装置

1. 水平反力架;2. 竖向反力架;3. 水平作动器;4. 转换接头;5. 地锚螺栓;

6. 水平钢拉杆;7. 竖向千斤顶;8. 分配梁;9. 滚轴

无摩擦相对运动,以保证竖向力始终垂直均匀施加;水平作动器通过螺栓将底板固定在水平反力架上,作动器加载端与混凝土加载梁通过预埋的 4 根钢螺杆实现固定连接;地梁通过两个地锚螺栓固定在基座上;试件底部两侧附加两根水平钢拉杆,以保障地梁与基座之间无相对滑动。

2. 加载制度

试件承受的荷载分为竖向和水平向两个方向,需要依次分别施加。

1) 竖向荷载

分 3～4 次加至预定值,在施加的过程中不断监视应变片和侧向位移计的读数是否正常,防止墙体在加载过程中发生侧向倾斜而失稳,此后轴压荷载在试验中一直保持不变。

2) 水平荷载

对于单调加载试验,按计算峰值荷载 P_u 的 1/12～1/10 加载,接近开裂荷载时减小荷载增量为 10kN 或 20kN 缓慢加载(标注裂缝时仍按原荷载等级进行)。

对于低周反复加载的试件,在边缘暗柱纵筋屈服前采用荷载控制,屈服后采用位移控制:首先加载至计算开裂荷载的前一级荷载,然后按既定荷载级差分级加力,试件屈服后采用位移控制,位移级差为 1.5mm 或 2mm,每级循环三次。拟静力试验采用的水平加载制度如图 7.5 所示;图中,Δ_y 为试件屈服时的实测位移绝对值。

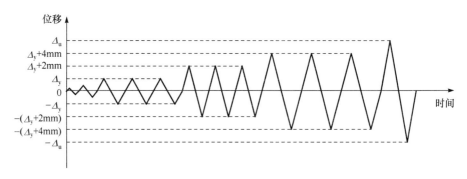

图 7.5　低周反复加载制度

7.1.3　材性测试

1. 混凝土

按《普通混凝土力学性能试验方法标准》(GB/T 50081—2002)[5],首批混凝土留置 6 个 150mm×150mm×150mm 立方体试块,以确定地梁的混凝土强度;第二批混凝土留置 15 个 150mm×150mm×150mm 立方体试块和 18 个 150mm×

150mm ×300mm 棱柱体试块,以分别测定混凝土的强度等级和试验前、中、后的立方体抗压强度、棱柱体抗压强度及弹性模量。混凝土的力学性能实测结果见表 7.2。

表 7.2　混凝土的力学性能指标

加载龄期 材性指标	28d	试验前	试验中	试验后
立方体抗压强度 f_{cu}/(N/mm²)	44.6	61.2	67.8	61.1
轴心抗压强度 f_c/(N/mm²)	—	47.2	46.5	45.0
弹性模量 E_c/(×10⁴N/mm²)	—	4.10	4.20	4.48

注:考虑到混凝土弹性模量实测值偏高,计算时按《混凝土结构设计规范》(GB 50010—2010)[1]取用。

2. 钢筋

钢筋材性依据《金属材料拉伸试验 第 1 部分:室温试验方法》(GB/T 228.1—2010)[6],在同济大学建筑结构试验室进行测试,其力学性能实测结果见表 7.3。

表 7.3　钢筋的力学性能指标

钢筋规格 材性指标	Φ8	Φ10	Φ8	Φ12
屈服强度 f_y/(N/mm²)	537	466	555	517
极限强度 f_u/(N/mm²)	695	582	687	654
弹性模量 E_s/(×10⁵N/mm²)	2.05	2.05	2.06	2.11
延伸率 δ_5/%	26.7	28.6	25.5	26.5
断面收缩率 Ψ/%	50.3	47.6	48.3	41.3

7.1.4　试件测试

1. 测试内容

本次试验的主要量测内容包括以下几个方面:
(1) 荷载-位移曲线。
(2) 墙体的弯曲变形与剪切变形。
(3) 边缘暗柱纵筋、墙体竖向分布筋与水平分布筋的应变。
(4) 试件的破坏过程及现象。

2. 测点布置

位移计布置如图 7.6 所示：H1（量程为±100mm）用于实时测量墙顶水平侧移；H2（量程为±10mm）用于监测地梁相对于台座的水平滑动；HC1、HC2 与 HC3（量程均为±10mm）用于监测加载梁出平面的位移，防止面外倾斜和扭转；V1 与 V2（量程均为±10mm）用于监测轴向加载过程中墙体边缘纤维的竖向位移，防止不对称加载，并反映加载梁相对于墙底的转角变形；V3 与 V4（量程均为±10mm）用于监测地梁端部的竖向位移，防止地锚螺栓松动；斜向布置的位移计 X1、X2 与 X3、X4（量程均为±10mm）用于测量墙体的剪切变形；H4、H5 与 H6 用于测量水平位移沿墙高度方向的分布情况[7]。

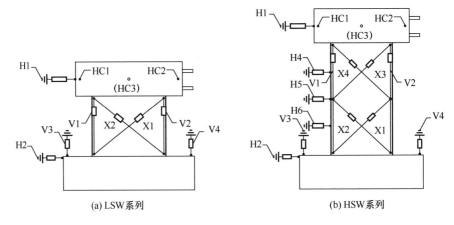

(a) LSW系列　　　　　(b) HSW系列

图 7.6　位移计布置

应变片布置如图 7.7 所示：以 HSW-1 为例，应变片 1～4 用于测量边缘暗柱

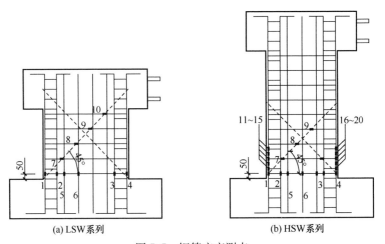

(a) LSW系列　　　　　(b) HSW系列

图 7.7　钢筋应变测点

在墙底处的纵筋(简称 ZJ)应变,5～6 用于测量一侧纵向分布筋(简称 ZFJ)的应变,7～9 用于测量水平分布筋(简称 SFJ)的应变,11～20 用于通过边缘暗柱底部纵筋(简记为 ZJJ)应变是否达到屈服确定塑性铰区的长度。

3. 裂缝观测

(1) 试验前:采用纯石灰水溶液对墙体表面进行刷白,并待石灰水干燥后,绘制 50mm×50mm 的方格网,以方便描绘墙体的裂缝发展和走向。

(2) 试件开裂后:立即对裂缝的发展情况进行观测、描绘、拍照和记录,并采用 ZBL-F101 型裂缝观测仪对裂缝宽度进行测量。

7.2　试验现象及破坏特征总结

所有试件的弯曲裂缝均早于剪切裂缝出现于混凝土受拉边缘,呈水平分布;当剪切裂缝出现后(为试验峰值荷载的 0.4～0.7 倍水平),受剪钢筋的应变迅速增长。高宽比较大的剪力墙表现出较好的延性,破坏时受压侧混凝土劈裂破碎,裂纹轮廓清晰;高宽比小的剪力墙延性相对较差,加载到最后出现大面积的剪切滑移裂沟并沿对角方向呈带状分布,破坏呈脆性并伴有明显的震耳声响。

各试件的裂缝形态如图 7.8 所示。

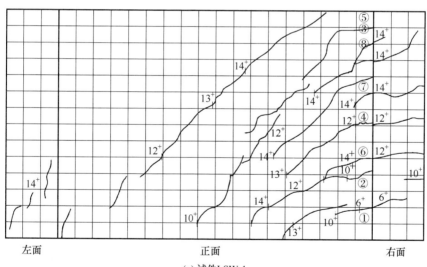

(a) 试件 LSW-1

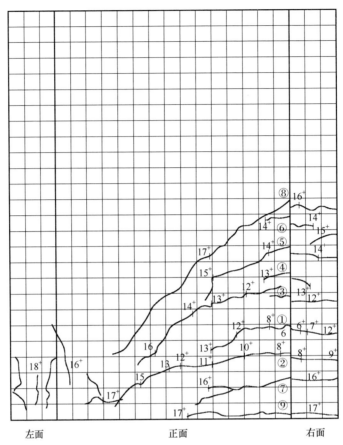

(b) 试件HSW-1

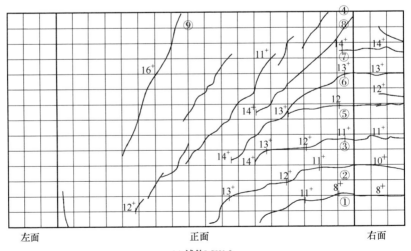

(c) 试件LSW-2

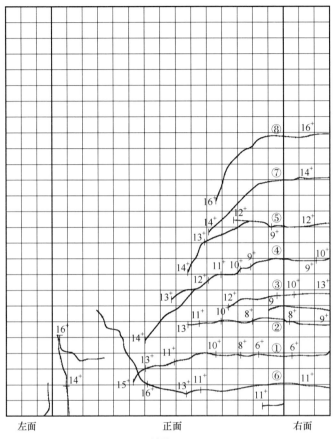

左面　　　　　　正面　　　　　右面

(d) 试件HSW-2

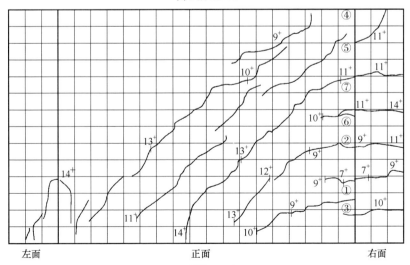

左面　　　　　　正面　　　　　右面

(e) 试件LSW-3

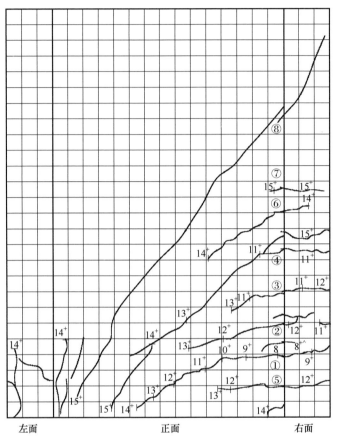

左面　　　　　　　正面　　　　　　　右面

(f) 试件HSW-3

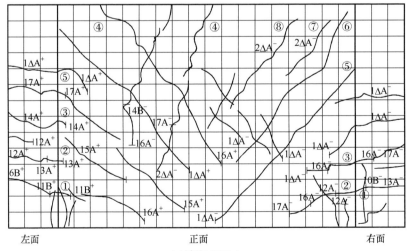

左面　　　　　　　正面　　　　　　　右面

(g) 试件LSWD-1

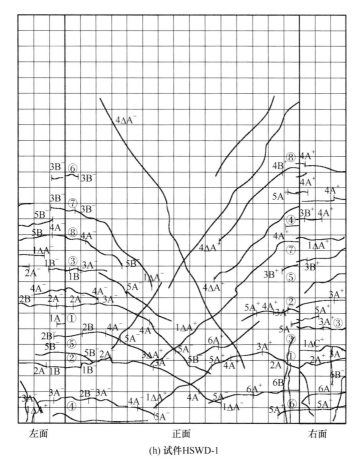

(h) 试件HSWD-1

图 7.8　各试件的裂缝形态

7.3　试验结果及分析

7.3.1　荷载-位移曲线

1. 单调加载

图 7.9 为单调加载试件的水平荷载-加载梁端水平位移曲线。在剪切破坏的试件中,高宽比为 1.0 的矮剪力墙 LSW-1、LSW-3 与高宽比为 2.0 的高剪力墙 HSW-3,在纵筋屈服后位移增长不明显;弯曲破坏的高剪力墙 HSW-1 与 HSW-2 在纵筋屈服后,位移有明显增长,表现出较好的延性;矮剪力墙 LSW-2 最终为剪切破坏,其后期变形能力较其他矮剪力墙显著,说明减小水平分布筋配筋率对于剪切破坏的试件能改善其延性;当轴压比从 0.2 提高到 0.3 后,在同样大小的水平荷载

作用下,LSW-3 与 HSW-3 的位移更小,表明轴压比的增长能够提高试件的抗侧刚度;LSW-3 的侧移为 LSW-1 的 0.81 倍,HSW-3 的侧移为 HSW-1 的 0.59 倍,表明轴压比的增长对于高剪跨比的剪力墙抗侧刚度的提高效果更显著。

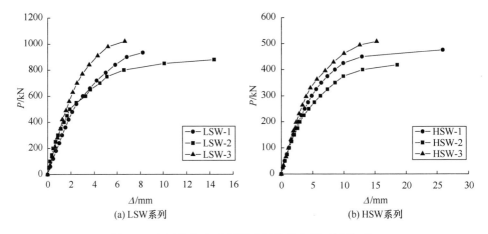

图 7.9　水平荷载-加载梁端水平位移曲线(单调加载)

2. 低周反复加载

在低周反复荷载作用下,水平荷载-加载梁端水平位移曲线如图 7.10 所示。可以看出,在轴压比较高(0.3)的情况下,两种高宽比(分别为 1.0 和 2.0)的剪力墙,其荷载-位移滞回曲线表现出明显的捏拢效应,钢筋屈服前加载与卸载路径差别不大,钢筋屈服后残余变形增长明显。与单调加载的试件 LSW-3 与试件 HSW-3 相比,反复加载的试件 LSWD-1 与 HSWD-1 受到拉压交互作用,损伤不断积累,故刚度降低,极限位移略有增长。

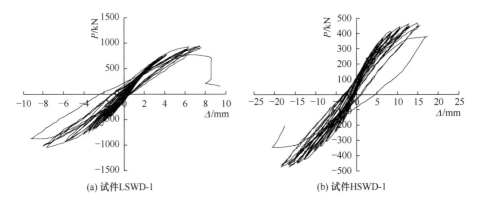

图 7.10　水平荷载-加载梁端水平位移曲线(低周反复加载)

3. 位移延性

图 7.11 为两片低周反复加载的剪力墙水平荷载-加载梁端侧移骨架曲线，是各荷载等级下首次循环的峰值点所连成的包络线，已经扣除了轴压力引起的加载梁端初始侧移。图中虚线为按《建筑抗震试验方法规程》(JGJ 101—1996)[4] 确定的破坏荷载($0.85P_u$)。可以看出，各荷载等级下反向加载的水平位移略大于正向加载的水平位移，正反向峰值荷载相近，整个包络线大致呈"S"形。

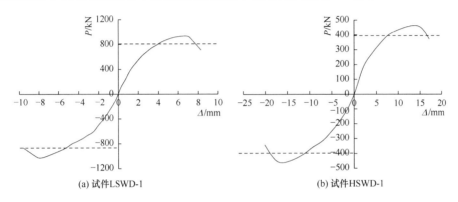

(a) 试件LSWD-1　　　　　　　　　　　　　(b) 试件HSWD-1

图 7.11　水平荷载-加载梁端侧移骨架曲线

采用位移延性系数作为评价试件延性大小的指标：

$$\mu_\Delta = \Delta_u / \Delta_y \tag{7.1}$$

式中，Δ_u 为极限位移，取承载力下降到 85% 峰值荷载时对应的位移；Δ_y 为试件受拉侧主筋屈服时对应的位移。

两片低周反复加载试件的位移延性系数见表 7.4。表中，V_u 为破坏荷载($0.85P_u$)；V_y 为受拉区主筋屈服(正反两侧纵筋应变的平均值达到屈服应变)时的水平荷载；括号中的数字为根据能量等值法(如图 7.12 所示，令阴影部分面积 $OAB = BCD$)确定的屈服荷载、屈服位移与相应的位移延性系数。可以看出：

表 7.4　位移延性系数

加载方向	试件编号									
	LSWD-1					HSWD-1				
	V_y/kN	V_u/kN	Δ_y/mm	Δ_u/mm	μ_Δ	V_y/kN	V_u/kN	Δ_y/mm	Δ_u/mm	μ_Δ
正向	809 (795)	804	3.96 (3.95)	7.76	1.96 (1.96)	434 (400)	398	9.95 (7.92)	16.71	1.68 (2.11)
负向	−980 (−890)	−864	−7.10 (−5.35)	−9.64	1.36 (1.80)	−394 (−405)	−395	−10.91 (−11.12)	−18.99	1.74 (1.71)

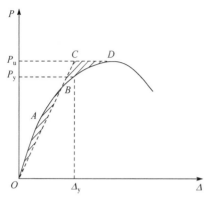

图 7.12 利用能量等值法确定屈服位移

（1）在高轴压比下，试件的位移延性系数均值不超过 2.0，延性较差。

（2）试件的位移延性系数受高宽比的影响并不明显。

7.3.2 钢筋应变

1. 纵筋应变

1）单调加载

图 7.13 为单调加载试件的纵筋应变随水平荷载的变化曲线。可以看出，受拉纵筋在开裂后的非线性行为更明显，相反，受压侧纵筋在大部分的加载过程中基本保持线性。

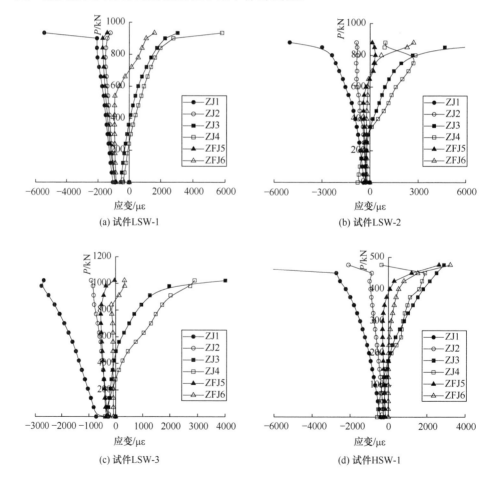

(a) 试件LSW-1

(b) 试件LSW-2

(c) 试件LSW-3

(d) 试件HSW-1

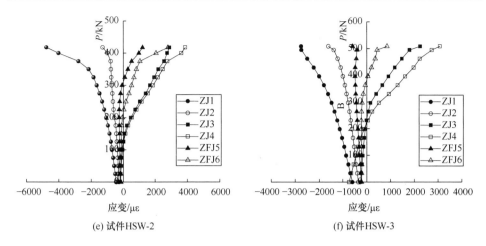

(e) 试件HSW-2　　　　　　　　　　　(f) 试件HSW-3

图 7.13　水平荷载-纵筋应变曲线(单调加载)

2) 低周反复加载

图 7.14 和图 7.15 分别为试件 LSWD-1 和 HSWD-1 纵筋应变的发展情况。在反复荷载作用下,试件两侧(受拉侧和受压侧)边缘纤维的应变并不对称;高剪力墙的滞回曲线关于轴向荷载引起的初始压应变基本对称,矮的剪力墙拉、压应变差异显著,剪跨比较小、荷载传递不均匀是其主要原因。

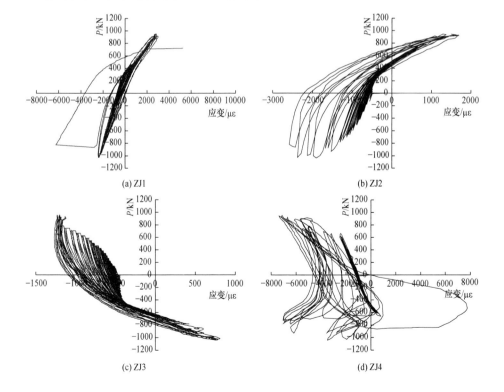

(a) ZJ1　　　　　　　　　　　　　(b) ZJ2

(c) ZJ3　　　　　　　　　　　　　(d) ZJ4

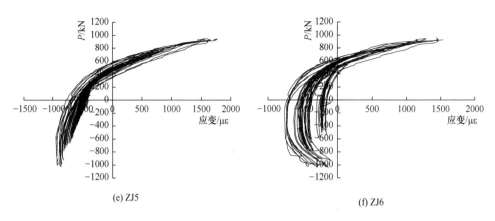

(e) ZJ5　　　　　　　　　　　　　　　　(f) ZJ6

图 7.14　试件 LSWD-1 水平荷载-纵筋应变曲线

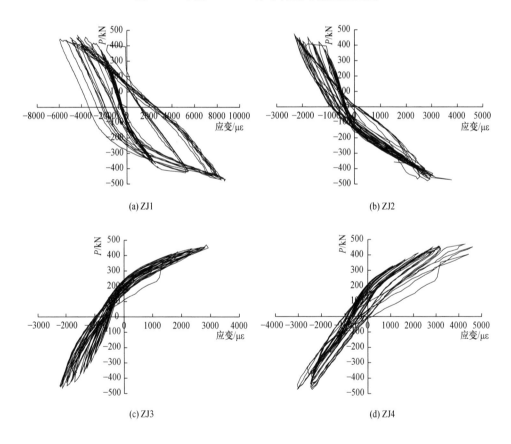

(a) ZJ1　　　　　　　　　　　　　　　　(b) ZJ2

(c) ZJ3　　　　　　　　　　　　　　　　(d) ZJ4

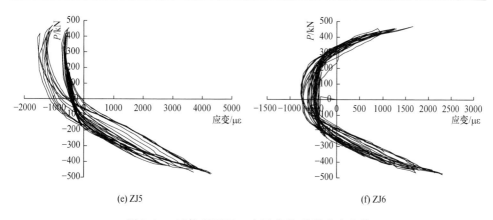

(e) ZJ5　　　　　　　　　　　　　　(f) ZJ6

图 7.15　试件 HSWD-1 水平荷载-纵筋应变曲线

2. 水平分布筋应变

1）单调加载

图 7.16 为剪力墙在单调荷载作用下水平分布筋的应变发展情况。根据试验结果，对于高宽比为 1.0 的矮剪力墙，主斜裂缝倾角略小于 45°，弯剪破坏、高宽比为 2.0 的高剪力墙，主斜裂缝倾角略大于 45°。由于混凝土受剪开裂引起钢筋应力重分布，与主斜裂缝相交的水平分布筋最终都达到屈服状态。

2）低周反复加载

图 7.17 和图 7.18 分别为试件 LSWD-1 和 HSWD-1 的水平分布筋应变随低周反复荷载的发展情况。当荷载较小时，卸载后的残余应变很小，再加载与卸载路径基本重合，滞回曲线密集，捏拢效应明显；当混凝土开裂后，水平分布筋的残余应变增长明显，尤其是斜裂缝出现后，水平分布筋应变曲线上对应于相邻两个荷载等级的应变值出现明显的漂移。

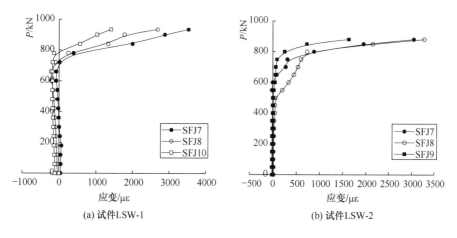

(a) 试件LSW-1　　　　　　　　　　(b) 试件LSW-2

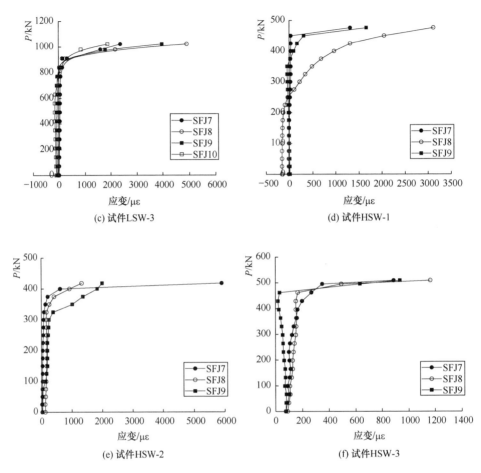

(c) 试件LSW-3

(d) 试件HSW-1

(e) 试件HSW-2

(f) 试件HSW-3

图 7.16 单调加载水平荷载-水平分布筋应变曲线

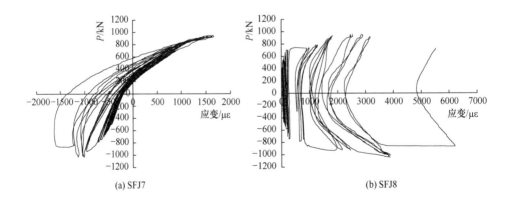

(a) SFJ7

(b) SFJ8

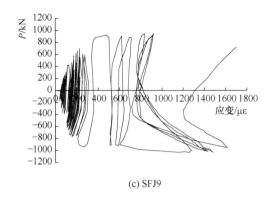

(c) SFJ9

图 7.17　试件 LSWD-1 水平荷载-水平分布筋应变曲线

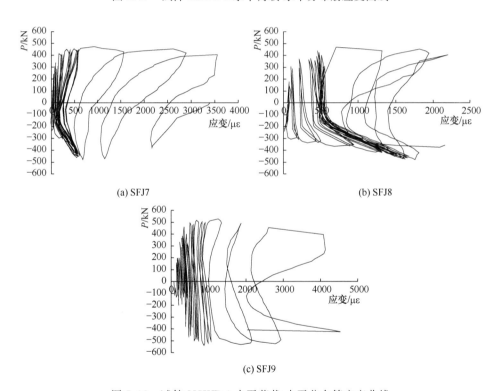

(a) SFJ7

(b) SFJ8

(c) SFJ9

图 7.18　试件 HSWD-1 水平荷载-水平分布筋应变曲线

7.3.3　抗剪承载力

《混凝土结构设计规范》(GB 50010—2010)[1]第 6.3.21 条规定,钢筋混凝土剪力墙在偏心受压时的斜截面受剪承载力为

$$V=\frac{1}{\lambda-0.5}\left(0.5f_tbh_0+0.13N\frac{A_w}{A}\right)+f_{yv}\frac{A_{sh}}{s_v}h_0 \tag{7.2}$$

第 11.7.4 条规定,剪力墙在偏心受压时的斜截面抗震抗剪承载力为

$$V=\frac{1}{\gamma_{RE}}\left[\frac{1}{\lambda-0.5}\left(0.4f_tbh_0+0.1N\frac{A_w}{A}\right)+0.8f_{yv}\frac{A_{sh}}{s}h_0\right] \tag{7.3}$$

式中,N 为与剪力设计值 V 相应的轴向压力设计值,当 N 大于 $0.2f_cbh$ 时,取 $0.2f_cbh$;λ 为计算截面的剪跨比,取 $M/(Vh_0)$,当 λ 小于 1.5 时,取 1.5,当 λ 大于 2.2 时,取 2.2,当计算截面与墙底之间的距离小于 $h_0/2$ 时,λ 可按距墙底 $h_0/2$ 处的弯矩设计值与剪力设计值计算。

根据条文说明,剪力墙的反复和单调加载受剪承载力对比试验表明,反复加载时的受剪承载力比单调加载时降低 15%～20%。因此,将非抗震受剪承载力计算公式中各个组成项均乘以降低系数 0.8,作为抗震偏心受压剪力墙肢的斜截面受剪承载力计算公式。

本次试验,高宽比为 1.0 的矮剪力墙(LSW 系列)拟用于评估《混凝土结构设计规范》(GB 50010—2010)中关于剪力墙的抗剪承载力计算公式[见式(7.2)和式(7.3)]。试验结果表明,所有矮剪力墙均为剪切破坏,规范公式计算值与实测的抗剪承载力对比见表 7.5 与图 7.19。高宽比为 2.0 的高剪力墙(HSW 系列),设计时其抗弯承载力均低于规范计算的抗剪承载力,但是由于混凝土实测强度偏高,按试验轴压比施加的竖向轴压力偏大,竖向荷载下应变分布不理想,结果表明,HSW-3 与 HSWD-1 在纵筋屈服后均达到抗剪承载力极限,发生弯剪破坏。

表 7.5　抗剪承载力实测值与理论计算值对比

试件编号	V_t/kN	V_c/kN	V_t/V_c
LSW-1	934	691	1.35
LSW-2	879	615	1.43
LSW-3	1022	677	1.51
LSWD-1	994	537	1.85
HSW-3	509	503	1.01
HSWD-1	466	399	1.17

对比试件 LSW-1 与 LSW-2 可以看出,在水平分布筋配筋率有较大幅度提高(33%)的情况下,抗剪承载力略有提高(6.26%);另一方面,轴压力对抗剪承载力影响较大,当轴压比从 0.2(试件 LSW-1)提高到 0.3(试件 LSW-3)时,抗剪承载力提高了 9.42%。单调加载的矮剪力墙抗剪承载力实测值与规范计算值之比大于

1.3；拟静力加载的剪力墙抗剪承载力实测值略低于相应的静力试验结果,但相对于规范计算值偏大许多,如 LSWD-1,其抗震抗剪承载力实测值与规范计算值之比高达 1.85,这可能是由于低周反复荷载下试件的破坏不对称所致,另一方面,规范中的剪力墙抗震抗剪承载力是以相应的静力试验结果乘以 0.8 的系数折减得到的,折减系数的取值较为保守也是导致试验值与计算值偏差较大的部分原因。

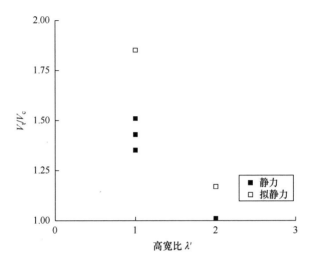

图 7.19　剪力墙抗剪承载力实测结果与计算对比

7.3.4　刚度退化

1. 弹性刚度

剪力墙的侧向弹性变形主要由两部分组成:弯曲变形和剪切变形。

荷载 P 作用下,由弯曲变形机制引起的顶点侧移为

$$\Delta_f = \frac{PL^3}{3EI} \tag{7.4}$$

荷载 P 作用下,由剪切变形机制引起的顶点侧移为

$$\Delta_s = \frac{\kappa PL}{GA} \tag{7.5}$$

总变形为

$$\Delta_e = \Delta_f + \Delta_s = \frac{PL^3}{3EI} + \frac{\kappa PL}{GA} = \frac{P}{K_e} \tag{7.6}$$

从而,等效弹性抗侧刚度 K_e 为

$$K_e = \frac{P_e}{\Delta_e} = \frac{1}{\dfrac{L^3}{3EI} + \dfrac{\kappa L}{GA}} \tag{7.7}$$

式中,L 为剪跨;E 为弹性模量;κ 为剪应变不均匀系数,当截面为矩形时 κ 取 1.2;G 为剪切模量,取 $G=0.4E$;A 和 I 分别为截面面积与惯性矩。

若忽略纵向钢筋对惯性矩的贡献,则顶点侧移中剪切变形所占比例为

$$\frac{\Delta_s}{\Delta_s + \Delta_f} = \frac{\kappa L/(GA)}{\kappa L/(GA) + L^3/(3EI)} \approx \frac{3}{3 + 4\lambda'^2} \tag{7.8}$$

根据式(7.8),绘出剪力墙的侧移中弯曲变形分量与剪切变形分量分别随高宽比 $\lambda'(\lambda'=L/h)$ 的变化关系,如图 7.20 所示。

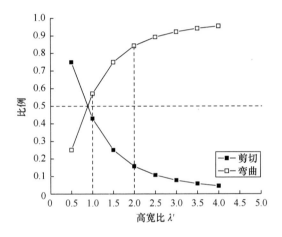

图 7.20　弹性阶段各个侧移分量与高宽比的关系

对于高宽比 $\lambda' \leqslant 1.0$ 的剪力墙,例如,本试验 LSW 系列,剪切变形所占的比例将大于 $3/7 \approx 43\%$;随着高宽比的增大,剪切变形的影响越来越小,对于本试验 HSW 系列,剪切变形占总变形的比例约为 $3/19 \approx 16\%$。根据以上粗略分析可知,当高宽比不超过 2.0 时,剪切变形对剪力墙侧移的贡献是不能忽略的。

2. 弹塑性刚度

剪力墙受竖向压力 N 与水平荷载 P 的共同作用,弹性刚度 K_e 仅适用于 N 和 P 较小时的情况。当轴压比不大时,混凝土接近开裂前已经进入弹塑性阶段,剪力墙的刚度也有一定程度的降低。

为了了解加载过程中试件的刚度退化情况,统一不同高宽比的剪力墙试验结果,现以层间位移角 $\theta(\theta=\Delta/L)$ 为自变量,对刚度退化系数 $\beta(\beta=K/K_e, K=P/\Delta)$ 进行分析。图 7.21 给出了本次试验各个试件全过程的刚度退化情况。

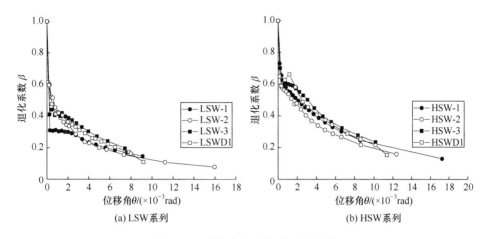

图 7.21　刚度退化系数-位移角曲线

可以看出：

（1）剪力墙的刚度退化大致可分为三个区段：

区段一，加载至试件开裂前为刚度骤降过程，开裂时的刚度为弹性刚度的（0.3～0.6）倍。

区段二，试件开裂至钢筋屈服（根据试验，钢筋屈服基本发生在试件最终破坏的前 2～3 级荷载），为刚度缓降过程，刚度退化系数的变化幅度在 0.2 左右。

区段三，钢筋屈服至试件最终破坏为刚度微降过程，此时试件的刚度基本在 0.2 倍弹性刚度以下，剪力墙接近完全开裂状态。

（2）增大高宽比有利于减缓刚度衰退。这主要是由于高剪力墙以弯曲变形为主、延性较好，而矮剪力墙的侧向变形受剪切成分的影响较大，试件有变脆趋势。

（3）在同样的位移角下，轴压比对刚度退化的影响并不明显。

（4）试件的峰值位移角随高宽比的提高而增大。

7.3.5　塑性铰长度和峰值位移

从纵筋屈服至试件达到承载能力极限继而破坏为第三阶段，这一阶段的荷载增长幅度很小，而位移在峰值时刻达到最大，现对此进行重点分析。

以弯曲变形为主的构件，其峰值荷载（为避免混淆，本章所述最大荷载为峰值荷载，此时的位移为峰值位移，荷载-位移曲线下降段 85% 峰值荷载为极限荷载，对应的位移为极限位移）下的曲率可以理想化为弹性区域和塑性区域，如图 7.22所示。对于弹性区域，最大弯矩等于屈服弯矩，曲率沿构件高度呈三角形分布，位移分量与屈服曲率成平方关系;对于塑性区域(即弯矩超过屈服弯矩的区域),曲率为常量($\phi_u-\phi_y$),位移分量与曲率呈线性关系[8,9]。

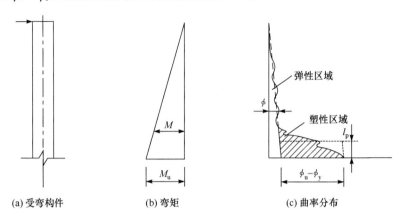

(a) 受弯构件　　　　　　(b) 弯矩　　　　　　　(c) 曲率分布

图 7.22　峰值荷载下的曲率分布

(c)中,实线为真实的曲率,虚线为理想化的曲率

1. 塑性铰长度

为了计算塑性区域的长度,进而划分出计算峰值位移时的弹、塑性区域,包括Paulay、Corley、Mattock 及 Sawyer 在内的许多国外学者提出过不同的建议公式[见式(7.9)~式(7.12)][8,9]。

Paulay 公式

$$l_{p1}=0.08l+0.022d_bf_y \tag{7.9}$$

式中,l 为剪跨;d_b 为纵筋直径。

Corley 公式

$$l_{p2}=0.5d+0.2\sqrt{d}\left(\frac{z}{d}\right) \tag{7.10}$$

式中,d 为截面有效高度;z 为临界截面至反弯点的距离。

Mattock 公式

$$l_{p3}=0.5d+0.05z \tag{7.11}$$

Sawyer 公式

$$l_{p4}=0.25d+0.075z \tag{7.12}$$

本次试验在边缘暗柱纵筋上布置了竖向间距为 5cm 的应变片 ZJJ11~ZJJ20,用于监测试件达到最大荷载时的塑性铰长度,各应变实测结果如图 7.23 所示。

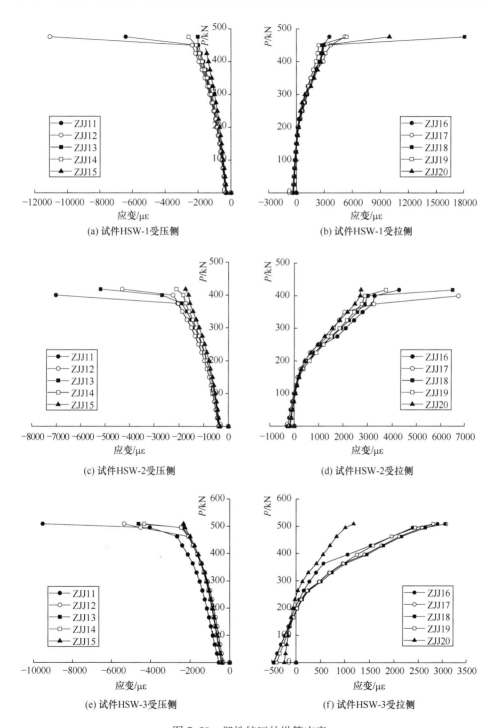

(a) 试件HSW-1受压侧   (b) 试件HSW-1受拉侧

(c) 试件HSW-2受压侧   (d) 试件HSW-2受拉侧

(e) 试件HSW-3受压侧   (f) 试件HSW-3受拉侧

图 7.23 塑性铰区的纵筋应变

利用线性插值法,根据钢筋屈服区段估计塑性铰长度 l_p 的试验值,见表 7.6。

可以看出:

(1) 当轴压比较低时,试件受拉侧经过充分的弯曲开裂,然后混凝土受压侧被压坏,故塑性铰长度在试件的受拉侧大于受压侧,而轴压比较高时,混凝土受压侧加速进入塑性,受压破坏的程度有所扩大,因而塑性铰长度在受压侧更大些。

(2) 当试验轴压比不超过 0.3 时,轴力对平均意义上的塑性铰长度并没有显著影响。

(3) 单调加载下,Paulay 和 Sawyer 公式似乎能更准确地预测塑性铰长度,Corley 和 Mattock 公式计算值则明显偏大。

(4) 在低周反复荷载作用下,试件边缘混凝土受拉-压交替作用,裂缝得到充分开展,钢筋与混凝土之间的粘结力被削弱,界面滑移不断增加,塑性铰长度比单调加载的情况有所增长(至少为 8.7%,见表 7.6 中的 HSWD-1);作为近似方法,《欧洲规范 8:结构抗震设计》(Eurocode 8: Design of Structures for Earthquake Resistance)推荐取 $l_p=(0.4\sim0.6)h$,与试验值接近。

表 7.6　塑性铰长度　　　　　　　　(单位:mm)

l_p		试件编号			
		HSW-1	HSW-2	HSW-3	HSWD-1
试验值	受压侧	254	244	296	≥300
	受拉侧	300	300	260	≥300
	平均	277	272	278	≥300
计算值	Paulay	257			
	Corley	339			
	Mattock	402			
	Sawyer	276			

2. 峰值位移

Park 等[8]指出,屈服位移和峰值位移可按下列公式计算。

(1) 屈服位移 Δ_y。

$$\Delta_y = \frac{\phi_y l}{2} \cdot \frac{2l}{3} \qquad (7.13)$$

(2) 峰值位移 Δ_u。

$$\Delta_u = \Delta_y + (\phi_u - \phi_y) l_p \left(l - \frac{l_p}{2}\right) \qquad (7.14)$$

上述公式未考虑剪切变形的影响,对于剪切变形引起的位移分量暂按材料力学取弹性剪切刚度计算。

(3) 屈服曲率 ϕ_y。

$$\phi_y = \frac{f_{yk}/E_s}{h-x-a_s'} \tag{7.15}$$

(4) 极限曲率 ϕ_u。

$$\phi_u = \frac{\varepsilon_{cu}}{x_n} \tag{7.16}$$

式中，$x_n = 1.25x$。

不少研究者指出，低周反复荷载下由于混凝土角部压碎及斜裂缝的开展使得塑性铰区的实际转角被低估了，建议对整个塑性铰长度内均按极限曲率而不是由屈服曲率过渡到极限曲率来计算极限位移，张松[10]据此提出了建议公式

$$\Delta_u = \Delta_e + \Delta_p \tag{7.17}$$

式中，Δ_e 为弹性区域变形引起的位移，按式(7.18)计算：

$$\Delta_e = \left[1 + 0.75\left(\frac{h_w}{l_e}\right)^2\right] \cdot \frac{1}{3}\phi_y l_e^2 \tag{7.18}$$

Δ_p 为塑性区域变形引起的位移，按式(7.19)计算：

$$\Delta_p = \Delta_{pb} + \Delta_{ps} \tag{7.19}$$

式中，Δ_{pb} 为弯曲变形引起的位移分量：

$$\Delta_{pb} = \frac{1}{2}\phi_u l_p^2 + \phi_u l_p l_e \tag{7.20}$$

$$\phi_u = 1.3\frac{2.5\varepsilon_{c,c}}{1.25\xi h_w} \tag{7.21}$$

$$\varepsilon_{c,c} = \begin{cases} \varepsilon_c + 2.5\lambda_v\varepsilon_c, & \lambda_v \leqslant 0.32 \\ -6.2\varepsilon_c + 25\lambda_v\varepsilon_c, & \lambda_v > 0.32 \end{cases} \tag{7.22}$$

$$\xi = \frac{N/(b_w h_w) + \rho_{yw}f_{yw}}{f_c + 2.5\rho_{yw}f_{yw}} \tag{7.23}$$

Δ_{ps} 为剪切变形引起的位移分量：

$$\Delta_{ps} = \frac{P}{K_s}l_p \tag{7.24}$$

$$K_s = \frac{\rho_{sh}}{1 + 4n\rho_{sh}}E_s b_w h_w \tag{7.25}$$

式中，l_e 为弹性区域的长度，$l_e = L - l_p$；屈服曲率 $\phi_y = 3\varepsilon_s/h_w$；$\varepsilon_c$ 为普通混凝土峰值压应变；λ_v 为边缘配箍特征值，$\lambda_v = \rho_v f_y/f_c$；$\rho_v$ 为体积配箍率；钢筋与混凝土的弹性模量之比 $n = E_s/E_c$；ρ_{sh} 和 ρ_{yw} 分别为水平方向和竖直方向分布筋的配筋率；塑性铰长度 $l_p = (0.33m' - 0.03)L$；弯剪比 $m' = M_u/(V_u L)$。

　　根据试验,低周反复加载试件的荷载-位移包络线和单调加载的情况基本吻合,由于试件延性较差,峰值荷载过后下降段非常陡,位移增量在峰值位移的 8% 以内,故采用张松公式计算的极限位移乘以 0.9 折减系数作为峰值位移。表 7.7 为计算结果的对比情况。可以看出,按式(7.13)~式(7.16)及弹性剪切刚度假设计算的峰值位移似乎明显小于真实的峰值位移,即使按《混凝土结构试验方法标准》(GB 50152—92)[3]取破坏前一级稳定荷载下的位移作为峰值位移,仍然有高达−52%的误差,这很有可能是由于剪切变形和塑性铰区的曲率被低估了。张松提出的建议公式采用比拟桁架模型推导出临近破坏时的剪切刚度,并且对塑性铰长度内均取极限曲率,计算出的峰值位移与试验较为接近。

表 7.7　峰值位移计算对比

试件编号	试验值[1]/mm	试验值[2]/mm	Park		张松	
			计算值/mm	误差[2]/%	计算值/mm	误差[1]/%
HSW-1	25.89	12.88	8.81	−31.6	21.28	−17.80
HSW-2	18.575	12.98	8.79	−32.3	20.09	8.18
HSW-3	15.265	12.52	7.19	−42.6	14.98	−1.87
HSWD-1	14.92	14.92	7.16	−52.0	16.00	7.24

　　注:试验值[1]为实时监测的峰值位移,试验值[2]为考虑到试件破坏发生在加载过程中,峰值位移取破坏前持荷加载时的位移;误差[1]与误差[2]分别对应于试验值[1]和试验值[2]。

7.4　结　　论

　　本章通过对配置高强钢筋的混凝土剪力墙的受力性能进行试验研究,得到以下主要结论:

　　(1) 对于配置 HRB500 级钢筋的 C50 混凝土剪力墙,当轴压比大于 0.3 时,试件较低轴压比下普通钢筋混凝土剪力墙更容易发生剪切破坏。因此,通过限制轴压比来保证高强钢筋混凝土剪力墙"强剪弱弯"设计的可靠度是很有必要的。

　　(2) 设计为剪切破坏的剪力墙试件,实测抗剪承载力较《混凝土结构设计规范》(GB 50010—2010)公式计算值之比在 1.35 以上,表明规范抗剪承载力公式具有较高的安全储备。

　　(3) 当采用中高强度的混凝土时,矩形截面剪力墙的位移延性系数小于2.0,且高宽比对位移延性的影响不大。建议规范适当加强此类剪力墙的边缘构造措施,例如,采用有翼缘的边缘构造形式并适当提高边缘暗柱纵筋配筋率等。

　　(4) 根据单调加载试验,Paulay 和 Sawyer 公式能够准确地预测剪力墙的塑性铰长度;但对于低周反复加载试件,塑性铰长度增长明显,建议按《欧洲规范 8:结构抗震设计》(Eurocode 8：Design of Structures for Earthquake Resistance)取值。

　　(5) 根据试验结果,对塑性铰长度范围内取极限曲率,并且采用比拟桁架模型推导的剪切刚度,能更合理地预测剪力墙在峰值荷载下的位移。

参 考 文 献

[1] 中华人民共和国住房和城乡建设部. GB 50010—2010　混凝土结构设计规范[S]. 北京：中国建筑工业出版社,2011.

[2] 李松. 混凝土规范二阶效应条文修订的讨论及剪力墙刚度折减系数验证[D]. 重庆:重庆大学硕士学位论文,2010：69-103.

[3] 中华人民共和国建设部. GB 50152—92　混凝土结构试验方法标准[S]. 北京：中国建筑工业出版社,2008.

[4] 中华人民共和国建设部. JGJ 101—1996　建筑抗震试验方法规程[S]. 北京：中国建筑工业出版社,1997.

[5] 中华人民共和国建设部. GB/T 50081—2002　普通混凝土力学性能试验方法标准[S]. 北京：中国建筑工业出版社,2003.

[6] 中华人民共和国国家质量监督检验检疫总局. GB/T 228.1—2010　金属材料拉伸试验 第 1 部分：室温试验方法[S]. 北京：中国标准出版社,2011.

[7] Hiraishi H. Evaluation of shear and flexural deformations of flexural type shear walls [J]. Bulletin of the New Zealand National Society for Earthquake Engineering, 1984,17(2)：677-684.

[8] Park R, Paulay T. Reinforced Concrete Structures [M]. New York：John Wiley & Sons, 1975：610-660.

[9] Paulay T, Priestley M J N. 钢筋混凝土和砌体结构的抗震设计[M]. 戴瑞同,等译. 北京：中国建筑工业出版社,1999：225-309.

[10] 张松. 框架-剪力墙结构基于性能的抗震设计方法[D]. 上海:同济大学博士学位论文, 2009：41-45.

第8章 配置高强钢筋混凝土
结构使用性能的评定方法

混凝土梁在实际使用中一般处于带裂缝工作状态,因而开裂后裂缝宽度和刚度的计算是混凝土结构正常使用极限状态设计的重要内容,也是钢筋混凝土基本理论研究中的一项重要课题。现有的研究方法分为两类:第一类是 Муращев 教授提出的半理论半经验方法;第二类则是以《美国混凝土结构设计规范》(ACI 318—08)公式为代表的经验方法。裂缝宽度和刚度计算究竟采用何种方法为佳,对这个问题各国意见不一。即使一个国家的规范对裂缝宽度和刚度计算也可能采取不同的方法。例如,苏联规范对裂缝宽度采用统计方法,而刚度计算则采用了半理论半经验方法;中国早期《混凝土结构设计规范》(GB J10—89)在主体接受半理论半经验方法的前提下,对预应力混凝土梁刚度计算采用了统计公式。实际上,混凝土构件的裂缝、刚度都与滑移相关,三者之间存在必然的内在联系,选用概念截然不同的计算方法势必影响规范在理论上的严肃性。另外,国内规范公式计算繁复,难以满足工程设计人员的实用需求,这也是工程界历来的意见。为了克服上述不足,本章在模拟裂缝间钢筋应变分布的基础上,提出了滑移、裂缝宽度及刚度的统一计算方法,并给出相应的简化计算公式,以满足不同需求[1]。

8.1 裂缝和刚度的统一计算模式

8.1.1 裂缝展开的力学机理

普通钢筋混凝土及部分预应力混凝土构件在轴拉、偏心受力及弯曲情况下都可能产生裂缝。尽管它们的受力形式不同,但其裂缝产生及展开的机理几乎是相同的。因此,可以利用一根截面为圆形,在形心配有一根钢筋的拉杆作为裂缝研究的"基本构件",如图8.1所示。

"基本构件"一旦开裂至稳定阶段就会有一定的初始裂缝宽度。由于材料不均匀,各条裂缝的初始宽度之间存在较大的差异,裂缝分布也具有较大的离散性。作为研究该问题的方法之一,就是暂且不考虑这些差异性,首先研究平均裂缝宽度与外荷载之间的关系。现从已开裂"基本构件"中取一长度等于平均裂缝间距的区段,作为研究裂缝开展机理的计算模型,如图8.2所示。

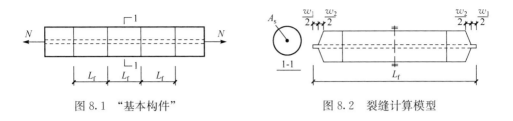

图 8.1　"基本构件"　　　　　　　　图 8.2　裂缝计算模型

在开裂瞬间,裂缝截面处的混凝土拉应力降低为零,裂缝截面两侧的混凝土产生回缩;由于增加了原先由混凝土承担的那部分拉应力,裂缝截面处的钢筋则会进一步伸长。同时,裂缝截面处的钢筋与混凝土之间存在粘结作用,使得混凝土的回缩与钢筋的伸长都要受到另一方的约束。这种约束条件在钢筋表面和混凝土之间产生变形差,通常称为滑移。随着轴力 N 的增长,滑移不断加大,钢筋处的裂缝宽度即等于此处的滑移值。

另一方面,对"基本构件"表面的裂缝宽度而言,因钢筋对混凝土回缩的约束作用有一定的影响范围,愈远离钢筋,混凝土所受的约束愈小,因而势必会在横截面上形成混凝土应变差。

所以,表面平均裂缝宽度应为上述两种作用机理产生的分量之和[1,2]:

$$w_m = w_1 + w_2 \tag{8.1}$$

1. 滑移分量 w_1

w_1 表示由于钢筋滑移产生的裂缝宽度。根据粘结-滑移理论,裂缝截面水平距离 x 位置处钢筋与混凝土名义交界面上的滑移量 $s(x)$ 满足如下方程:

$$\frac{\mathrm{d}^2 s(x)}{\mathrm{d}x^2} = -c_0 \tau(x) \tag{8.2}$$

$$\tau(x) = -\frac{E_s A_s}{\mu_s} \cdot \frac{\mathrm{d}\varepsilon_s(x)}{\mathrm{d}x} \tag{8.3}$$

$$c_0 = \frac{\mu_s}{E_s A_s}\left(1 + \frac{\alpha_E \rho_{te}}{\gamma}\right) \tag{8.4}$$

式中,$\tau(x)$ 表示作用在钢筋与混凝土名义交界面上的粘结应力;γ 为截面拉应变不均匀系数,可取 $\gamma = 0.5$;ρ_{te} 为按有效受拉混凝土面积计算的配筋率;$\alpha_E = E_s/E_c$,E_s 与 E_c 分别为钢筋和混凝土的弹性模量;μ_s 为钢筋的名义周长。

根据资料及定性分析可知,在开裂截面及对称中线处截面的粘结应力为零,且粘结应力峰值随钢筋应变的增大将不断内移。由此,可假定粘结应力分布如图 8.3 所示。

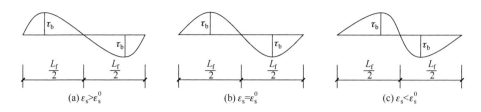

图 8.3 粘结应力分布

ε_s 为开裂截面处的钢筋应变；ε_s^0 为粘结应力峰值位于 $L_f/4$ 处时开裂截面处的钢筋应变

根据粘结应力的分布特点，本章采用式(8.5)模拟长度为 L_f 裂缝区段的钢筋应变分布：

$$\varepsilon_s(x) = \varepsilon_s^0 - A\left[\left(1 - \cos\frac{2\pi}{L_f}x\right) + B\left(\cos\frac{4\pi}{L_f}x - 1\right)\right] \tag{8.5}$$

式中，系数 A 和 B 取决于钢筋应变分布 ε_s。根据文献[1]的实测钢筋应变分布资料，A、B 和 ε_s^0 之间的关系如图 8.4 所示。

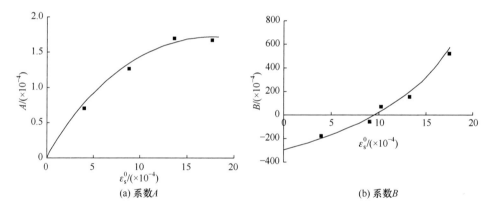

图 8.4 系数 A、B 与 ε_s^0 之间的关系

将式(8.5)展开，并忽略 A 的高阶无穷小 AB 的影响，得到以下诸式。

(1) 粘结应力。

$$\tau(x) = -\frac{E_s A_s}{\mu_s} \cdot \frac{2\pi}{L_f} \cdot A \cdot \sin\frac{2\pi}{L_f}x \tag{8.6}$$

(2) 混凝土应力。

$$\sigma_c(x) = \frac{E_s \rho_{te}}{\gamma} \cdot A \cdot \left(1 + \cos\frac{2\pi}{L_f}x\right) \tag{8.7}$$

(3) 端部滑移。

$$s(0) = \left[\varepsilon_s^0 - A(1 + 2\alpha_E\rho_{te})\right]\frac{L_f}{2} \tag{8.8}$$

　　根据式(8.8),得到粘结应力峰值刚好位于 $L_f/4$ 处时,端部滑移计算值与实测值随端部开裂截面处的钢筋应力 σ_s^0 的变化关系对比情况,如图 8.5 所示。另一方面,根据条件 $\gamma\sigma_{c1max} \leqslant f_t$ 可知,$A = \beta f_t/(E_s\rho_{te})$(其中,$0 \leqslant \beta \leqslant 0.5$),将其代入式(8.8),得到以下公式:

$$s(0) = \left[\varepsilon_s^0 - \beta \cdot \frac{(1+2\alpha_E\rho_{te})f_t}{E_s\rho_{te}}\right] \cdot \frac{L_f}{2} \tag{8.9}$$

式中,系数 β 反映了受拉混凝土参与工作的程度,其值随 ε_s 的变化同 A-ε_s 关系相似。β 的大小不仅同开裂截面上的钢筋应力增量 $\Delta\sigma_s^0$ 相关,而且与受力形态(拉、弯,以及有无预应力作用等)有关,建议 β 取值如下(图 8.6)。

(1)轴拉构件。

$$\beta = \begin{cases} 0.5, & \Delta\sigma_s^0 \geqslant 150\text{N/mm}^2 \\ \dfrac{1}{300} \cdot \Delta\sigma_s^0, & \Delta\sigma_s^0 < 150\text{N/mm}^2 \end{cases} \tag{8.10a}$$

(2)普通混凝土梁。

$$\beta = \begin{cases} 0.5, & \Delta\sigma_s^0 \geqslant 200\text{N/mm}^2 \\ \dfrac{1}{400} \cdot \Delta\sigma_s^0, & \Delta\sigma_s^0 < 200\text{N/mm}^2 \end{cases} \tag{8.10b}$$

(3)偏压及部分预应力混凝土梁。

$$\beta = \begin{cases} 0.5, & \Delta\sigma_s^0 \geqslant 300\text{N/mm}^2 \\ \dfrac{1}{700} \cdot \Delta\sigma_s^0, & \Delta\sigma_s^0 < 300\text{N/mm}^2 \end{cases} \tag{8.10c}$$

　　由钢筋滑移引起的裂缝宽度分量 w_1 应为两端滑移 $s(0)$ 与 $s(L_f)$ 之和,利用对称性,w_1 的计算公式为

$$w_1 = 2s(0) = \left[\varepsilon_s^0 - \beta \cdot \frac{(1+2\alpha_E\rho_{te})f_t}{E_s\rho_{te}}\right] \cdot L_f \tag{8.11}$$

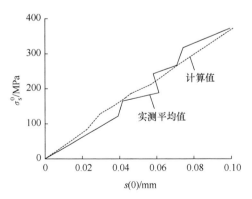

图 8.5　$s(0)$ 计算值与实测值对比

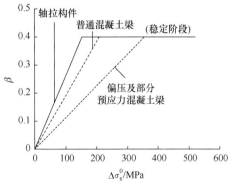

图 8.6　不同构件的 β-$\Delta\sigma_s^0$ 关系

2. 应变差分量 w_2

w_2 表示由于钢筋与混凝土应变不协调,即应变差引起的裂缝宽度与保护层厚度 c 和开裂截面钢筋应变 ε_s^0 有关。

$$w_2 = \alpha' c \varepsilon_s^0 \tag{8.12}$$

8.1.2 裂缝间距 L_f 的计算模式

将 $x = L_f/4, \mu_s = \pi d, A_s = \pi d^2/4$ 代入式(8.6)得

$$L_f = \frac{\pi}{4} \cdot \frac{f_t d}{\rho_{te} \tau_{max}} \tag{8.13}$$

式(8.13)即为裂缝间距 L_f 的理论计算模式。显然,该模式的进一步深化,在于对影响粘结应力最大值 τ_{max} 的合理分析。研究表明,τ_{max} 除与 f_t 成正比外,还同配筋率 ρ_{te} 和混凝土保护层厚度 c 等有关。出于实用目的,文献[3]建议

$$\tau_{max} = k f_t \rho_{te}^{R_1} c^{R_2} d^{R_3} \tag{8.14}$$

将其代入式(8.13),即得

$$L_f = k' \rho_{te}^{-R_1-1} c^{-R_2} d^{1-R_3} \tag{8.15}$$

在借鉴相关研究成果,且考虑到量纲上的统一后,建议在应用式(8.15)时,可取 $R_1 = R_2 = -0.5, R_3 = 0.5$,即

$$L_f = k' \sqrt{\frac{cd}{\rho_{te}}} \tag{8.16}$$

若考虑到钢筋外形、受力特征等因素的影响,则

$$L_f = 0.85 k_1 k_2 \sqrt{\frac{cd}{\rho_{te}}} \tag{8.17}$$

式中,k_1 为与受力特征有关的系数:对于轴拉构件取 1.0,其余受力形式为 0.95;k_2 为与钢筋外形有关的系数:变形钢筋取 1.0,光圆钢筋取 1.4,当预应力筋为变形筋、钢绞线、高强钢丝时,k_2 分别取 1.2、1.3 和 1.5;d 为纵筋直径:当同时采用不同直径时,$d = 4(A_s + A_p)/\mu, A_s$ 与 A_p 分别为非预应力筋和预应力筋的面积,μ 为钢筋周长的总和;c 为最外侧纵筋的净保护层厚度:当 $c < 10mm$ 时,取 $c = 10mm$,当 $c > 50mm$ 时,取 $c = 50mm$;ρ_{te} 为按有效受拉混凝土面积计算的配筋率,$\rho_{te} = (A_s + GA_p)/A_{te}$:对先张预应力混凝土构件,取 $G = 1.0$,对后张预应力混凝土构件,取 $G = 0.5, A_{te}$ 为有效受拉混凝土面积,对轴拉构件取全截面面积,对其他受力形式,应计入受拉翼缘的有效贡献,取 $A_{te} = 0.4bh + (b_i - b)h_i$。

8.1.3 表面裂缝宽度的计算模式

将式(8.11)、式(8.12)和式(8.17)代入式(8.1),可得

$$w_m = \left[\varepsilon_s^0 - \frac{\beta f_t}{E_s \rho_{te}}(1+2\alpha_E \rho_{te})\right] \cdot 0.85 k_1 k_2 \sqrt{\frac{cd}{\rho_{te}}} + \alpha' c \varepsilon_s^0 \quad (8.18)$$

取 $\alpha' = 0.2$，$\varepsilon_s^0 = \sigma_s/E_s$，并引入与受力形式有关的系数 $\eta_w = \dfrac{1}{1+1.33c/h}$：

$$w_m = \left[0.2c + 0.85 k_1 k_2 \sqrt{\frac{cd}{\rho_{te}}}\right] \times \left[1 - \frac{\beta f_t}{\rho_{te}\sigma_s}(1+2\alpha_E \rho_{te})\right] \cdot \frac{\sigma_s}{E_s} \cdot \eta_w \quad (8.19)$$

8.1.4　抗弯刚度计算模式

由平均应变服从平截面假定，可推得混凝土梁在短期荷载 M_k 作用下的开裂后截面平均抗弯刚度(图 8.7)为

$$B_s = \frac{M_k}{\varphi_m} = \frac{M_k}{\bar{\varepsilon}_s/(h_0 - \bar{x})} = \frac{M_k h_0(1 - \bar{\xi}_c)}{\bar{\varepsilon}_s} \quad (8.20)$$

式中，$\bar{x}$ 和 $\bar{\xi}_c$ 分别为混凝土的平均受压区高度和平均相对受压区高度系数，$\bar{\xi}_c = \bar{x}/h_0$；$\bar{\varepsilon}_s$ 为受拉区纵筋的平均应变。

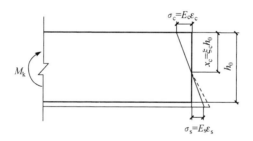

图 8.7　截面应力分布

1. $\bar{\varepsilon}_s$ 的计算

$$\bar{\varepsilon}_s = \int_0^{\frac{L_f}{2}} \frac{\varepsilon_s(x)}{L_f/2} dx = \varepsilon_s^0 - \frac{\beta f_t}{E_s \rho_{te}} \quad (8.21)$$

2. $\bar{\xi}_c$ 的计算

为了统一混凝土梁和预应力混凝土梁，引入消压弯矩 M_0(其定义为：使预应力混凝土梁下部力筋形心位置处混凝土应力为零时的弯矩)及预应力筋有效预拉力 N_{y0}，则预应力度 λ_0 和等效偏心距 $\bar{e}$ 按式(8.22)计算：

$$\lambda_0 = M_0/M_k \quad (8.22)$$

$$\bar{e} = \frac{M_k}{N_{y0}} = \frac{1}{\eta} = \frac{h_0}{1.5\lambda_0} \quad (8.23)$$

由静力平衡、物理及几何方程可求得开裂截面相对受压区高度系数 ξ_c^0 及平均相对受压区高度系数 $\bar{\xi}_c$ 分别为

$$\xi_c^0 = \frac{0.23 + 2\alpha_E\rho - 0.23\lambda_0}{1 + 2\alpha_E\rho - 1.11\lambda_0} \tag{8.24}$$

$$\bar{\xi}_c = \frac{0.67 + 2\alpha_E\rho - 0.09\lambda_0}{1.55 + 2\alpha_E\rho - 0.92\lambda_0} \tag{8.25}$$

从而,混凝土受压区高度不均匀系数为

$$\phi_{cj} = \frac{\xi_c^0}{\bar{\xi}_c} = \frac{(0.23 + 2\alpha_E\rho - 0.23\lambda_0)(1.55 + 2\alpha_E\rho - 0.92\lambda_0)}{(0.67 + 2\alpha_E\rho - 0.09\lambda_0)(1 + 2\alpha_E\rho - 1.11\lambda_0)} \tag{8.26}$$

文献[4]根据试验结果,求得混凝土受压区高度不均匀系数的经验公式为

$$\phi_{cs} = 1 - \frac{0.7}{100\rho + 1} \tag{8.27}$$

ϕ_{cj} 与 ϕ_{cs} 二者的比较如图 8.8 所示。

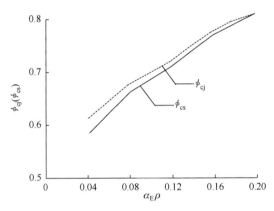

图 8.8　ϕ_{cj} 与 ϕ_{cs} 之比较

3. 刚度计算模式

将式(8.21)、式(8.25)代入式(8.20),经适当处理并引入文献[5]的截面形状系数 β_1,得到混凝土梁开裂后刚度的统一计算模式

$$B_s = \frac{\beta_1 \bar{E}_s (A_s + A_p) h_0^2}{1.78 - 2.1\lambda_0 + 4\alpha_E\rho - (1.2 + 2.9\lambda_0 + 4.7\alpha_E\rho)\dfrac{\beta f_t bh_0^2\rho}{M_k\rho_{te}}} \leqslant 0.85 E_c I_0 \tag{8.28}$$

式中,$\bar{E}_s = (E_s + E_p)/2$,对于钢筋混凝土梁,$\bar{E}_s = E_s$;$\rho = (A_s + A_p)/(bh_0)$。

按照上述模式计算能够取得较好的精度,但由于计算公式过于复杂,不便于工

程实际应用,因此,有必要提出相应的简化计算方法。

8.2　裂缝宽度的评定方法

国内外研究者公认裂缝宽度同裂缝截面处的钢筋应变和裂缝间距成正比,表面裂缝宽度可以表示为

$$w_{\mathrm{m}} = \varepsilon_{\mathrm{s}} l_{\mathrm{a}} \tag{8.29}$$

式中,l_{a} 为名义表面裂缝间距,反映了裂缝间混凝土作用、保护层厚度和钢筋有效约束等对裂缝宽度的综合影响。

根据 8.1 节可知,对于配置变形钢筋的非预应力混凝土梁,其平均裂缝宽度 w_{m} 可以表示为 $\sqrt{cd/\rho_{\mathrm{te}}}$ 和 $\sigma_{\mathrm{s}}/E_{\mathrm{s}}$ 的函数,为方便起见,不妨设

$$w_{\mathrm{m}} = \left(A\sqrt{\frac{cd}{\rho_{\mathrm{te}}}} + B\right)\frac{\sigma_{\mathrm{s}}}{E_{\mathrm{s}}} \tag{8.30}$$

对 424 个样本点进行线性回归分析(参见文献[6]、[7]),可得

$$w_{\mathrm{m}} = \left(0.24\sqrt{\frac{cd_{\mathrm{eq}}}{\rho_{\mathrm{te}}}} + 34\right)\frac{\sigma_{\mathrm{s}}}{E_{\mathrm{s}}} \tag{8.31}$$

式中,σ_{s} 为钢筋应力;c 为梁侧表面裂缝计算点至最外排钢筋重心的水平距离;为与现行规范一致,按混凝土有效受拉截面面积计算的纵向受拉钢筋配筋率调整为 $\rho_{\mathrm{te}} = A_{\mathrm{s}}/(0.5bh)$,钢筋等效直径 $d_{\mathrm{eq}} = \dfrac{\sum n_i d_i^2}{\sum n_i \nu_i d_i}$。

在正常使用荷载水平下,$\sqrt{cd_{\mathrm{eq}}/\rho_{\mathrm{te}}}$ 的变化范围主要在 100～250,式(8.31)可以进一步简化为如下形式:

$$w_{\mathrm{m}} = 0.41\sqrt{\frac{cd_{\mathrm{eq}}}{\rho_{\mathrm{te}}}}\frac{\sigma_{\mathrm{s}}}{E_{\mathrm{s}}} \tag{8.32}$$

采用本章所述方法得到裂缝平均宽度计算值与试验值的对比结果,见表 8.1 [为了便于比较,表中同时给出了利用《混凝土结构设计规范》(GB 50010—2010)[8]、《公路钢筋混凝土及预应力混凝土桥涵设计规范》(JTG D62—2004)[9]、《美国混凝土结构设计规范》(ACI 318—08)[10] 和《欧洲规范 2:混凝土结构设计 第1-1 部分:一般规程与建筑设计规程》(EN 1992-1-1:2004)[11] 得到的计算结果]。对于混凝土梁和预应力混凝土梁,按式(8.31)得到的 $w_{\mathrm{m}}^{\mathrm{c}}/w_{\mathrm{m}}^{\mathrm{t}}$ 均值分别为 1.019 和 0.979,变异系数分别为 0.245 和 0.136,可见建议公式与试验符合良好。同时,与式(8.19)相比,简化后的公式(8.31)计算过程非常简单,更便于工程实际应用。

表 8.1　关于裂缝的计算精度对比

类别			GB 50010—2010	JTG D62—2004	ACI 318—08	EN 1992-1-1：2004	式(8.19)	式(8.31)
RC 梁	l_{cr}^c/l_{cr}^t	μ	1.069	—	—	—	0.942	—
		δ	0.192	—	—	—	0.182	—
	ω_m^c/ω_m^t	μ	1.118	1.239	0.886	1.300	1.133	1.019
		δ	0.301	0.315	0.278	0.285	0.281	0.245
PRC 梁	l_{cr}^c/l_{cr}^t	μ	1.134	—	—	—	1.137	—
		δ	0.122	—	—	—	0.120	—
	ω_m^c/ω_m^t	μ	1.033	0.973	0.795	1.234	1.202	0.979
		δ	0.130	0.163	0.167	0.219	0.150	0.136

　　注：除本书第 3 章相关试验以外，其余试验数据取自：①普通钢筋混凝土梁，同济大学[12]、浙江大学[13]、天津大学[14]、湖南大学[15~17]、郑州大学[18~20]、华侨大学[21]、东南大学[22]及其他相关高校[23,24]；②预应力钢筋混凝土梁，郑州大学[25~29]。

8.3　位移的评定方法

　　根据试验，破坏前混凝土梁跨中弯矩 M 与挠度 f 之间的关系可以简化为三个阶段（图 8.9 中的实测线）。

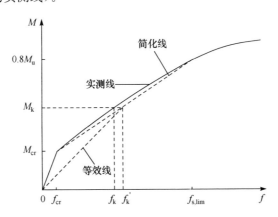

图 8.9　钢筋屈服前典型弯矩-挠度关系示意图

　　工程设计中，一般以等效刚度的形式对正常使用阶段的变形进行计算。归纳起来，有两类计算方法：一类是半经验的解析法，即根据实测的弯矩-挠度曲线用近似的数学函数对其几何特征加以描述，对两个阶段的变形进行叠加后，利用总变形反算出等效的刚度（图 8.9 中的等效线），而为了将第二阶段的变形以简单的形式叠加进去，现有的方法主要采用基于试验的参数回归，包括下述的法一与法二；

另一类刚度计算方法则是基于平截面假定的解析法,即首先建立曲率与截面边缘纤维应变的关系,进而得到刚度,即下述的法三。

1) 法一

将跨中挠度 f_s 表示为弹性挠度 f_{cr} 与增量挠度 Δf 之和

$$f_s = f_{cr} + \Delta f \tag{8.33}$$

若假设两个阶段的挠度与荷载成双折线关系,则刚度 B_s 表示为

$$B_s = \frac{B_0}{\dfrac{M_{cr}}{M_k} + \left(1 - \dfrac{M_{cr}}{M_k}\right)\dfrac{B_0}{B_{cr}}} \tag{8.34}$$

不失一般性,等效刚度也可以表示为

$$B_s = \frac{B_0}{\alpha + (1-\alpha)\dfrac{B_0}{B_{cr}}} \tag{8.35}$$

式中,α、$1-\alpha$ 为权系数,与假定的荷载-挠度几何形式有关:$\alpha = (M_{cr}/M_k)^n$。我国《混凝土结构设计规范》(GB 50010—2010)[8]及《部分预应力混凝土结构设计建议》[30]对预应力混凝土梁均采用荷载-挠度的双直线关系来计算跨中挠度,即令上述公式中 $n=1$;《公路钢筋混凝土及预应力混凝土桥涵设计规范》(JTG D62—2004)[9]则取 $n=2$。《欧洲规范 2:混凝土结构设计 第 1-1 部分:一般规程与建筑设计规程》(EN 1992-1-1:2004)[11]尽管采用曲率的二次插值,但是根据挠度与曲率的关系,可以认为该规范与《公路钢筋混凝土及预应力混凝土桥涵设计规范》(JTG D62—2004)采用的方法是相同的。

另外,根据已有试验结果(图 8.10)表明,随着 n 的增大,挠度计算值将逐渐增

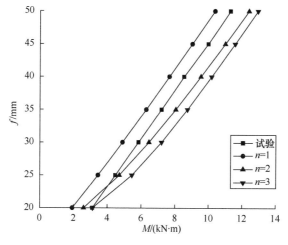

图 8.10　n 的取值对计算的影响(试件 B4-1)

大(原因在于 n 的增大将放大开裂刚度的贡献,使得等效刚度计算值偏小)。

2) 法二

《美国混凝土结构设计规范》(ACI 318—08)[10]规范公式,采用基于截面惯性矩的线性插值方法

$$I_e = \left(\frac{M_{cr}}{M_k}\right)^3 I_g + \left[1 - \left(\frac{M_{cr}}{M_k}\right)^3\right]I_{cr} \tag{8.36}$$

3) 法三

《混凝土结构设计规范》(GB 50010—2010)[8]对于普通钢筋混凝土梁,根据最小刚度法并利用平截面假定,建立曲率与截面边缘纤维平均应变的关系。为了考虑开裂刚度与配筋率的影响,引入参数 $\alpha_E\rho$,同时,引入系数 $\varphi = 1.1(1 - M_{cr}/M_k)$ 以反映裂缝间钢筋应变分布不均匀现象。

经过以上比较可以看出,除了法三,其余方法都是对弯矩-挠度关系利用开裂弯矩与使用弯矩两个函数点进行向内插值。由于内插法的精度与所选取的两点的距离有很大关系,当 M_k 与 M_{cr} 接近时,微小区段内的插值随函数形式的变化并不明显,但是随着 M_k 从 M_{cr} 增加到 $0.8M_u$,内插法的精度似乎更加依赖于所选取的函数形式;而且,随着 M_k 的增大,M_{cr}/M_k 的影响将迅速减小。另一方面,开裂刚度 B_{cr} 主要与初始刚度 B_0、配筋率参数 $\alpha_E\rho$ 和荷载水平 M_{cr}/M_k 相关,即 $B_s = f(B_0, \alpha_E\rho, M_{cr}/M_k)$。

经过对多个函数形式进行尝试后,假定 B_s 符合如下形式:

$$B_s = B_0 f(\alpha_E\rho) \cdot g\left(\left(\frac{M_{cr}}{M_k}\right)^n\right) \tag{8.37}$$

则挠度形式为

$$f_s = \beta \frac{M_k L_0^2}{B_0 f(\alpha_E\rho)} h\left(\left(\frac{M_{cr}}{M_k}\right)^n\right) \tag{8.38}$$

式中,系数 β 与荷载作用形式和位置有关,对于两点集中加载,$\beta = \frac{1}{8} - \frac{1}{6}\left(\frac{L'}{L_0}\right)^2$ (L_0 与 L' 分别为计算跨度和剪跨);函数 $h(x) = g^{-1}(x)$。

式(8.38)应至少满足如下两个条件:

(1) 当 $M_{cr}/M_k = 1$ 时,$f_s = \beta \frac{M_k L_0^2}{B_0}$,即 $h(1)/f(\alpha_E\rho) = 1$。

(2) 当 $M_k = 0.8M_u$,即 $\frac{M_{cr}}{M_k} \ll 1$ 时,$f_s = \beta \frac{M_k L_0^2}{B_0 f(\alpha_E\rho)}$,即 $h(0) = 1$。

经过分析,现假设函数 $h(x)$ 的代数形式如下:

$$h\left(\left(\frac{M_{cr}}{M_k}\right)^n\right)=1-\left[1-f(\alpha_E\rho)\right]\left(\frac{M_{cr}}{M_k}\right)^n, \quad n\geqslant 2 \tag{8.39}$$

根据试验结果,取弯矩-挠度曲线上钢筋即将屈服的前一级荷载挠度[即图 8.9 中的 $(0.8M_u,f_{s,\lim})$],利用式(8.38)与条件(2)进行线性回归分析,得

$$f(\alpha_E\rho)=0.24+1.67\alpha_E\rho \tag{8.40}$$

将式(8.40)代入式(8.39),可得

$$h\left(\left(\frac{M_{cr}}{M_k}\right)^n\right)=1-(0.76-1.67\alpha_E\rho)\left(\frac{M_{cr}}{M_k}\right)^n \tag{8.41}$$

最后一个必须解决的问题就是 n 的取值。显然,n 取得越高,推导过程所依据的条件(2)越合理,也就意味着靠近正常使用极限的挠度计算越准确;然而,如果 n 取得过高,将导致荷载因素对刚度的影响被过分忽略,其极端情况即为 $n=\infty$,$x=M_{cr}/M_k\rightarrow 1$ 时,$h(x^n)=1-(0.76-1.67\alpha_E\rho)x^n\rightarrow 1$。另一方面,如果 n 取值过低,例如,$n=1$ 时,将导致条件(2)不成立,无法分离出荷载对刚度的影响,进而无法推导出 $f(\alpha_E\rho)$ 的具体形式。

综上所述,本章取 $n=2$,使推导的公式能更为合理地对正常使用阶段的挠度进行预测,此时式(8.41)变为

$$h\left(\left(\frac{M_{cr}}{M_k}\right)^2\right)=1-(0.76-1.67\alpha_E\rho)\left(\frac{M_{cr}}{M_k}\right)^2 \tag{8.42}$$

根据以上推导得到的挠度公式为

$$f_s=\beta\frac{M_kL_0^2}{B_0(0.24+1.67\alpha_E\rho)}\left[1-(0.76-1.67\alpha_E\rho)\left(\frac{M_{cr}}{M_k}\right)^2\right] \tag{8.43}$$

表 8.2 为试验跨中挠度与计算挠度之比 f_s/f_s^c 的统计结果。根据《公路钢筋混凝土及预应力混凝土桥涵设计规范》(JTG D62—2004)[9] 和《欧洲规范 2:混凝土结构设计 第 1-1 部分:一般规程与建筑设计规程》(EN 1992-1-1:2004)[11] 计算得到的挠度对于普通混凝土梁和预应力混凝土梁都明显偏大,按《混凝土结构设计规范》(GB 50010—2010)[8] 和《美国混凝土结构设计规范》(ACI 318—08)[10] 统一模式和式(8.43)计算出的结果与试验值比较接近,说明其精度基本一致。但应注意,《混凝土结构设计规范》(GB 50010—2010)对于有无预应力是分别采用不同的公式进行计算的,并不是采用统一的计算模式。另外,无论是《美国混凝土结构设计规范》(ACI 318—08)公式,还是原有的统一模式其计算都比较复杂,物理概念不够直观。建议公式对预应力混凝土梁和普通混凝土梁采用统一的表达式,不仅计算精度较高、形式简单,而且物理概念也十分明确,反映了影响刚度的主要因素。

表8.2　各刚度公式计算精度对比(f_s^c/f_s^t)

类别		GB 50010—2010	JTG D62—2004	ACI 318—08	EN 1992-1-1：2004	式(8.28)	式(8.43)
RC梁	μ	1.060	0.941	1.079	0.943	1.060	1.065
	δ	0.165	0.224	0.282	0.225	0.201	0.258
PRC梁	μ	0.964	0.850	1.082	0.853	1.038	0.961
	δ	0.238	0.278	0.152	0.278	0.265	0.224

注:试验数据除本书介绍的有关梁的受弯性能静载试验(见本书第3和第5章)以外,其他数据取自:
①普通钢筋混凝土梁,郑州大学[18~20]、华侨大学[21]、东南大学[31~33]、天津大学[34];②预应力钢筋混凝土梁,同济大学[35]、郑州大学[25~29]、大连理工大学[36]。

8.4　变形控制的跨高比方法

在建筑结构设计过程中,结构设计人员往往先假定结构构件尺寸,进行承载力计算,然后再进行挠度的验算,一旦挠度验算不满足要求,就要重新选择截面尺寸,从头计算。因此,如果设计人员按照一定的原则选择出合适的截面尺寸,就能避免反复试算,甚至不需要进行挠度的验算,只要满足承载力的要求,正常使用状态下的挠度要求自然就满足了,这样可以节省大量的时间和精力。

由式(8.43),得到高强钢筋混凝土梁的短期刚度计算式

$$B_s = \frac{0.24 + 1.67\alpha_E\rho}{1 - (0.76 - 1.67\alpha_E\rho)\left(\dfrac{M_{cr}}{M_k}\right)^2}B_0 \tag{8.44}$$

式中,$B_0 = 0.85E_cI_0$;$\alpha_E = E_s/E_c$;$\rho = A_s/(bh_0)$;$I_0 = I_c + (\alpha_E - 1)\rho bh_0(h_0 - h/2)^2$。对于配置高强钢筋的混凝土梁,经济配筋率一般在 $0.6\% \sim 1.5\%$。取 $h_0 = 0.9h$,并令 $I_0 = \lambda I_c$,则在不同混凝土强度和纵向受拉钢筋配筋率下,换算截面惯性矩系数 λ 的取值见表8.3。

表8.3　λ 在不同情况下的取值

配筋率/%	C30	C35	C40	C45	C50
0.6	1.059	1.055	1.053	1.052	1.050
0.7	1.069	1.065	1.062	1.060	1.058
0.8	1.078	1.074	1.071	1.069	1.066
0.9	1.088	1.083	1.080	1.077	1.075
1.0	1.098	1.092	1.089	1.086	1.083
1.1	1.108	1.102	1.098	1.094	1.091

配筋率/%	C30	C35	C40	C45	C50
1.2	1.118	1.111	1.107	1.103	1.099
1.3	1.127	1.120	1.116	1.112	1.108
1.4	1.137	1.129	1.125	1.120	1.116
1.5	1.147	1.139	1.134	1.129	1.124

由表 8.3 可以看出,λ 随纵向受拉钢筋配筋率的提高而增大,随混凝土强度等级的提高而减小,考虑到 λ 的变化幅度较小,取其平均值 $\bar{\lambda}=1.09$,从而式(8.44)变为

$$B_s = \frac{0.93(0.24 + 1.67\alpha_E\rho)}{1 - (0.76 - 1.67\alpha_E\rho)\left(\dfrac{M_{cr}}{M_k}\right)^2} E_c I_c \tag{8.45}$$

对普通混凝土梁:$M_k/M_u = 0.60 \sim 0.80$,$M_{cr}/M_u = 0.10 \sim 0.30$,相当于 $M_{cr}/M_k = 0.12 \sim 0.50$,对于强度等级为 C30~C50 的混凝土,$\alpha_E$ 的取值范围为 $5.797 \sim 6.667$;常用经济配筋率在 $0.6\% \sim 1.5\%$。根据以上分析,式(8.45)中的分母项 $1 - (0.76 - 1.67\alpha_E\rho)(M_{cr}/M_k)^2$ 的取值范围为 $0.82 \sim 0.99$,并且其中 $(0.76 - 1.67\alpha_E\rho)(M_{cr}/M_k)^2$ 的变化对分母的影响不大,所以分母可取其平均值 0.90,此时式(8.45)变为

$$B_s = (0.25 + 1.73\alpha_E\rho)E_c I_c \tag{8.46}$$

令 $\beta = 0.25 + 1.73\alpha_E\rho$,则式(8.46)可表示为如下形式:

$$B_s = \beta E_c I_c \tag{8.47}$$

按《混凝土结构设计规范》(GB 50010—2010)[8],长期刚度为

$$B = \frac{M_k}{M_q(\theta - 1) + M_k} B_s \tag{8.48}$$

均布荷载作用下,式(8.48)等效为

$$B = \frac{p_k}{\theta g_k + [1 + \psi_q(\theta - 1)]q_k} B_s \tag{8.49}$$

式中,$p_k = g_k + q_k$;g_k、q_k 分别为永久荷载和可变荷载标准值;ψ_q 为准永久值系数;θ 为考虑荷载长期作用对挠度增大的影响系数,$\theta = 2 - 0.4\rho'/\rho$,$\rho'$ 与 ρ 分别为纵向受压钢筋和纵向受拉钢筋的配筋率。

根据材料力学,梁的最大挠度计算公式为

$$f_{max} = \frac{Cp_k L^4}{B} \tag{8.50}$$

式中,C 为与支座形式有关的系数,对于简支梁,$C = 5/384$;对于悬臂梁,$C = 1/8$;

连续梁的最大挠度发生在边跨,$C=0.0066$。

下面以简支梁为例,说明跨高比的具体计算方法。

简支梁的最大挠度计算公式为

$$f_{max}=\frac{5p_k L^4}{384B} \tag{8.51}$$

由式(8.47)、式(8.49)和式(8.51)及 $I_c=bh^3/12$,可得

$$\frac{q_k}{L}=\frac{384\beta E_c}{60\{\theta g_k/q_k+[1+\psi_q(\theta-1)]\}} \cdot \frac{f_{max}}{L} \cdot \frac{b}{h} \cdot \left(\frac{h}{L}\right)^4 \tag{8.52}$$

因此,满足变形要求的跨高比公式为

$$\frac{L}{h}\leqslant\sqrt[4]{\frac{384\beta E_c}{60\{\theta g_k/q_k+[1+\psi_q(\theta-1)]\}} \cdot \frac{f_{max}}{L} \cdot \frac{b}{h} \cdot \frac{L}{q_k}} \tag{8.53}$$

正截面极限承载力公式为

$$M_u=f_y A_s h_0(1-0.5\varepsilon) \tag{8.54}$$

式中,$\varepsilon=\rho f_y/(\alpha_1 f_c)$;当混凝土强度等级不超过 C50 时,$\alpha_1=1$。

均布荷载作用下,梁的最大弯矩表达式为

$$M_{max}=DsL^2 \tag{8.55}$$

式中,D 为弯矩系数,对于简支梁,$D=1/8$;对于悬臂梁,$D=1/2$;对于多跨连续梁的边跨,$D=1/11$。

简支梁正截面最大弯矩设计值可表示为

$$M_{max}=sL^2/8 \tag{8.56}$$

式中,s 为简支梁承载能力计算时的组合值。

由式(8.54)和式(8.56),令 $M_u=M_{max}$ 可得

$$sL^2/8=f_y\rho bh_0^2(1-0.5\rho f_y/f_c) \tag{8.57}$$

取 $h_0=0.9h$,则式(8.57)变为

$$\frac{q_k}{L}=\frac{6.48f_y\rho(1-0.5\rho f_y/f_c)}{1.2g_k/q_k+1.4} \cdot \frac{b}{h} \cdot \left(\frac{h}{L}\right)^3 \tag{8.58}$$

于是,满足承载力要求的跨高比公式为

$$\frac{L}{h}\leqslant\sqrt[3]{\frac{6.48f_y\rho(1-0.5\rho f_y/f_c)}{1.2g_k/q_k+1.4} \cdot \frac{b}{h} \cdot \frac{L}{q_k}} \tag{8.59}$$

在材料性质、永久荷载、可变荷载、跨度及截面高宽比给定的情况下,满足承载能力极限状态和正常使用极限状态的跨高比限值可以看成是纵向受拉钢筋配筋率的函数。

一般情况下,荷载组合值如下。

承载能力极限状态

$$s=1.2g_k+1.4q_k \tag{8.60a}$$

正常使用极限状态

$$p_k = g_k + q_k \tag{8.60b}$$

当满足承载力要求的最大跨高比小于满足挠度验算的最大跨高比,即$[L/h]_{max}^R$ $\leqslant[L/h]_{max}^f[[L/h]_{max}^R$和$[L/h]_{max}^f$分别表示承载能力极限状态和正常使用极限状态下的跨高比容许值,见式(8.61)和式(8.62)]时,结构构件在满足承载力的同时,必然满足挠度要求,此时可以不用进行挠度验算。显然,当实际最大跨高比不超过两个公式计算的较小值时,承载能力和挠度验算能同时满足。

$$\left[\frac{L}{h}\right]_{max}^R = \sqrt[3]{\frac{6.48 f_y\rho(1-0.5\rho f_y/f_c)}{1.2 g_k/q_k+1.4}} \cdot \frac{b}{h} \cdot \frac{L}{q_k} \tag{8.61}$$

$$\left[\frac{L}{h}\right]_{max}^f = \sqrt[4]{\frac{384\beta E_c}{60\{\theta g_k/q_k+[1+\psi_q(\theta-1)]\}}} \cdot \frac{f_{max}}{L} \cdot \frac{b}{h} \cdot \frac{L}{q_k} \tag{8.62}$$

取 $g_k/q_k=1, b/h=1/2, \theta=2, \psi_q=0.5, f_{max}/L=1/200, f_y=360 \text{N/mm}^2, f_c= 19.1 \text{N/mm}^2, E_c=3.25\times10^4 \text{N/mm}^2, q_k=16 \text{N/mm}, L=4000 \text{mm}$,则跨高比 L/h 和配筋率 ρ 的关系如图 8.11 所示。

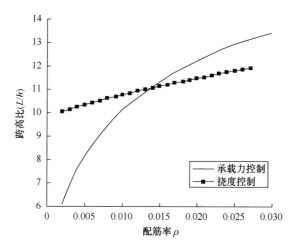

图 8.11　不同条件控制下的跨高比和配筋率的关系

从图 8.11 可以看出,在荷载给定的情况下,挠度控制的最大跨高比与承载力控制的最大跨高比均随配筋率的提高而提高,并且存在一交点使得两者的最大跨高比和配筋率均相等。如果受弯构件的跨高比小于该值,跨高比由承载力来控制;如果受弯构件的跨高比大于该值,跨高比则由挠度控制。

根据上述思路进行大量计算,可得在给定荷载和给定跨度条件下,不需进行挠度验算的最大跨高比。表 8.4～表 8.6 分别为常用均布活载和常用跨度条件下,简支梁、悬臂梁和连续梁不需要进行挠度验算的最大跨高比取值。

表 8.4　均布荷载下简支梁的最大跨高比

荷载/(kN/m)		4	8	12	16	20	24	28	32	36
最大跨高比	跨度/m									
	4	15	12	11	11	10	10	9	9	9
	5	15	13	12	11	11	10	10	10	9
	6	16	14	12	12	11	11	10	10	10
	7	16	13	12	11	11	10	10	10	9
	8	16	14	12	12	11	11	10	10	10
	9	17	14	13	12	11	11	10	10	10

表 8.5　均布荷载下悬臂梁的最大跨高比

荷载/(kN/m)		4	8	12	16	20	24	28	32	36
最大跨高比	跨度/m									
	4	10	9	8	7	7	7	—	—	—
	5	11	9	8	8	7	7	7	—	—
	6	11	9	9	8	8	7	7	7	7
	7	11	9	8	8	7	7	7	7	6
	8	11	9	9	8	7	7	7	7	7
	9	11	10	9	8	8	7	7	7	7

表 8.6　均布荷载下连续梁的最大跨高比

荷载/(kN/m)		4	8	12	16	20	24	28	32	36
最大跨高比	跨度/m									
	4	18	15	14	13	13	12	—	—	—
	5	19	16	15	14	13	13	12	12	—
	6	19	17	15	14	14	13	13	13	12
	7	19	16	15	14	13	12	12	12	11
	8	19	16	15	14	13	13	12	12	12
	9	20	17	15	14	14	13	13	12	12

查表时,需要注意以下几点:

(1) 表 8.4~表 8.6 取:$\theta = 2$, $\psi_q = 0.5$, $f_y = 360\text{N/mm}^2$, $b/h = 1/2$, $g_k/q_k = 1$, $E_c = 3.25 \times 10^4 \text{N/mm}^2$, $f_c = 19.1\text{N/mm}^2$。跨度 L:当 $4\text{m} \leqslant L \leqslant 6\text{m}$ 时,跨高比限值取 $[f_{max}/L] = 1/200$;当 $7\text{m} \leqslant L \leqslant 9\text{m}$ 时,跨高比限值取 $[f_{max}/L] = 1/250$。

(2) 短期刚度是在配筋率大于 0.6% 的条件下简化的,当配筋率小于 0.6% 时,简化公式误差较大,不建议采用本节结果。

(3) 在没有给出跨高比的情况下,且配筋率为 $0.6\%\sim3.0\%$ 时,只要满足承载力的要求,挠度不需要进行相关计算自然满足要求。

（4）混凝土强度等级对跨高比的影响很小，可不考虑。

（5）表 8.4～表 8.6 中的荷载是指活荷载的取值，恒荷载的影响是通过恒荷载和活荷载的比值来考虑的。

（6）连续梁的最大挠度一般出现在边跨，故表 8.6 中的最大跨高比是以连续梁的边跨计算的。

（7）当 $b/h=1/3$ 时，表 8.4～表 8.6 中的跨高比乘以系数 0.92，当 $b/h=1/3～1/2$ 时，跨高比可按线性插值的方法取值。

（8）当 $g_k/q_k=0.5$ 时，表 8.4～表 8.6 乘以系数 1.09，当 $g_k/q_k=1.5$ 时，表 8.4～表 8.6 乘以系数 0.94，当 $g_k/q_k=2.0$ 时，表 8.4～表 8.6 乘以系数 0.90。

（9）当 $f_y=300N/mm^2$ 时，表 8.4～表 8.6 乘以系数 1.03，当 $f_y=435N/mm^2$ 时，表 8.4～表 8.6 乘以系数 0.97[37,38]。

8.5　结　　论

（1）基于统一模式，对高强钢筋混凝土梁的裂缝宽度公式与抗弯刚度公式进行简化，提出了形式更为简单的建议公式。

（2）根据国内相关高校的试验结果，对提出的建议公式进行验证，并通过对比其他规范，证实建议公式具有较高的精度。

（3）工程设计人员在设计时可以本章表格跨高比作为参考，不需要再进行相关的挠度验算，当确有必要知道具体挠度值时，可通过本章跨高比公式进行估算，其结果较保守。

参 考 文 献

[1] 周建民，朱军，朱顺宪. 混凝土梁裂缝宽度、刚度的统一计算方法及应用[J]. 铁道学报，2000，22（增刊）：62-66.

[2] 周建民，胡匡璋. 加筋混凝土构件裂缝宽度计算方法的研究[J]. 上海铁道学院学报，1990，11（3）：81-86.

[3] 横道英雄. 混凝土梁的裂缝和破坏弯矩[J]. 海洋工程情报，79-4001：18-22.

[4] Вайков В Н. Железобетонные Конструкции[M]. Москво：Стройиздат，1985：20-80.

[5] 陈永春，张蔚柏，吴美淮，等. 钢筋混凝土受弯构件刚度 B_d 的简化计算[J]. 土木工程学报，1983，16（2）：85-91.

[6] 周建民，王眺，陈飞，等. 高强钢筋混凝土梁裂缝宽度的试验研究和分析[J]. 同济大学学报，2011，39（10）：1420-1425，1499.

[7] 周建民，王眺，赵勇，等. 高强钢筋混凝土受弯构件裂缝宽度计算方法的研究[J]. 土木工程学报，2010，43（9）：69-76.

[8] 中华人民共和国住房和城乡建设部. GB 50010—2010　混凝土结构设计规范[S]. 北京：

中国建筑工业出版社，2010.

[9] 中华人民共和国交通部. JTG D62—2004 公路钢筋混凝土及预应力混凝土桥涵设计规范[S]. 北京：人民交通出版社，2004.

[10] ACI. Building Code Requirements for Structural Concrete (ACI 318—08) and Commentary [S]. Michigan：American Concrete Institute，2008.

[11] CEN. Eurocode 2：Design of Concrete Structures—Part 1-1：General Rules and Rules for Buildings (EN 1992-1-1：2004). Brussels：European Committee for Standardization [S]，2004.

[12] 尚世仲. 配高强钢筋混凝土梁的受弯性能试验研究[D]. 上海：同济大学硕士学位论文，2007：14-21,71-91.

[13] 金伟良，陆春华，王海龙，等. 500级高强钢筋混凝土梁裂缝宽度试验及计算方法探讨[J]. 土木工程学报，2011，44(3)：16-23.

[14] 王小亮. 高强钢筋混凝土梁受弯性能试验研究[D]. 天津：天津大学硕士学位论文，2007：7-40.

[15] 徐风波. HRB500级钢筋混凝土梁正截面受力性能试验及理论研究[D]. 长沙：湖南大学硕士学位论文，2007：14-43.

[16] 那丽岩. HRB400级钢筋混凝土构件受弯性能试验研究[D]. 长沙：湖南大学硕士学位论文，2006：12-46.

[17] 李琼. HRB500级钢筋混凝土足尺梁裂缝宽度的试验与理论研究[D]. 长沙：湖南大学硕士学位论文，2009：17-51.

[18] 李美云. HRB400级钢筋混凝土构件受力性能的试验研究[D]. 郑州：郑州大学硕士学位论文，2003：12-31.

[19] 肖红菊. HRB400级钢筋混凝土梁抗弯性能研究[D]. 郑州：郑州大学硕士学位论文，2006：7-26.

[20] 张艇. HRB500级钢筋混凝土构件受力性能的试验研究[D]. 郑州：郑州大学硕士学位论文，2004：14-35.

[21] 王全凤，刘凤谊，杨勇新，等. HRB500级钢筋混凝土简支梁受弯试验[J]. 华侨大学学报，2007，28(3)：300-303.

[22] 姜宁辉，蒋永生，陈德文. 高强钢筋高强混凝土梁抗裂与裂缝宽度验算方法[C]. 高强混凝土及其应用 第二届学术讨论会，1995：147-154.

[23] 王命平，张自琼，耿树江. 500MPa级带肋碳素钢筋混凝土简支梁的受弯试验[J]. 工业建筑，2007，37(8)：39-42.

[24] 刘仲波，王海龙，钟铭，等. 高强钢筋混凝土梁的静载裂缝宽度试验研究[J]. 国防交通工程与技术，2003，(3)：32-35.

[25] 于秋波. HRB500级钢筋部分预应力混凝土梁受力性能研究[D]. 郑州：郑州大学博士学位论文，2008：27-106.

[26] 于秋波，刘立新，胡丹丹，等. HRB500级钢筋部分预应力混凝土梁受力性能的试验研究[J]. 建筑结构，2009，39(增刊)：527-530.

[27] 于秋波，刘立新，谢丽丽，等. HRB500 级钢筋用于先张预应力梁的非预应力筋的试验研究[J]. 四川建筑科学研究，2009，35(1)：6-10.

[28] 冯辉. 配 HRB500 级钢筋后张法预应力混凝土梁受力性能的研究[D]. 郑州：郑州大学硕士学位论文，2007：13-34，42-55.

[29] 胡丹丹. 配 500MPa 钢筋折线先张法预应力混凝土梁受力性能的研究[D]. 郑州：郑州大学硕士学位论文，2007：12-39，48-60.

[30]《部分预应力混凝土结构设计建议》编写组. 部分预应力混凝土结构设计建议[M]. 北京：中国铁道出版社，1985：17-18.

[31] 蒋永生，梁书亭，陈德文，等. 高强钢筋高强混凝土受弯构件的变形性能试验研究[J]. 建筑结构学报，1998，19(2)：37-43.

[32] 丁振坤. 混凝土受弯构件抗弯刚度计算方法研究[D]. 南京：东南大学硕士学位论文，2008：19-32.

[33] 丁振坤，邱洪兴，胡涛，等. HRB500 级钢筋混凝土梁受弯刚度试验[J]. 建筑科学与工程学报，2009，26(1)：115-120.

[34] 李艳艳. 配置 500MPa 钢筋的混凝土梁受力性能的试验研究[D]. 天津：天津大学博士学位论文，2007：7-55.

[35] 杜毛毛，苏小卒，赵勇. 配 500MPa 钢筋后张有粘结预应力混凝土梁受弯试验[J]. 沈阳建筑大学学报，2009，25(2)：211-216.

[36] 张利梅，赵顺波，黄承逵. 高性能预应力混凝土梁挠度试验与计算方法[J]. 大连理工大学学报，2005，45(1)：96-101.

[37] 周建民. 钢筋混凝土受弯构件变形的跨高比控制法[J]. 工业建筑，1992，(3)：24-29.

[38] 周建民，秦鹏飞，陈硕，等. 正常使用极限状态下受弯构件跨高比计算方法的研究[J]. 结构工程师，2013，29(2)：8-14.

第9章 展 望

由于时间和篇幅有限,本书对于配置高强钢筋的混凝土构件的力学性能未能做更全面的分析,尚有以下问题需要进一步研究解决。

1) 混凝土梁的受弯性能

(1) 剪弯段的裂缝宽度。

(2) 构件受力特征(偏拉和偏压)对裂缝形态和裂缝宽度的影响。

(3) 混凝土的收缩、徐变及温度变化对裂缝宽度的影响。

(4) 疲劳和长期荷载对裂缝的影响。

2) 混凝土梁的受剪性能

(1) 本书只进行了集中荷载作用下混凝土梁的抗剪性能试验,对于均布荷载作用下试件的力学性能有待进一步研究。

(2) 本书试验均为直接加载,对于间接荷载作用下试件的抗剪性能有待研究。

(3) 本书虽然对斜裂缝宽度进行了一定的讨论,但其分布规律和相应的裂缝宽度计算方法有待进一步研究。

3) 预应力混凝土梁的抗震性能

(1) 500MPa 级钢筋的使用会大幅提高构件的屈服荷载和屈服位移,进而减小梁的延性,如何保证位移延性系数满足延性破坏的要求需要进一步研究。

(2) 试验中箍筋间距较大,梁破坏时受压钢筋屈曲现象较严重,箍筋间距对受压钢筋屈曲的限制作用及怎样的箍筋间距和箍筋形式能够有效地限制纵筋(特别是 500MPa 级钢筋)的屈曲值有待进一步研究。

4) 剪力墙的受力性能

(1) 本书试验未能得到剪切变形和弯曲变形的有效数据,关于塑性阶段(尤其是混凝土开裂后)两者之间的定量关系需要进一步的试验验证。

(2) 本书在分析正常使用阶段剪力墙的抗侧刚度时,试验样本主要以普通混凝土剪力墙试件为主,对于高强混凝土剪力墙是否适用没有进行验证。

(3) 本书在分析剪力墙的峰值位移时,采用的方法是对张松提出的极限位移计算值乘以 0.9 的折减系数,折减系数的取值是根据本书试验进行分析后人为假定的,其通用性有待进一步验证。